ウイスキー&
シングルモルト
完全ガイド

Whisky &
Single Malt
Perfect Guide

PAMPERO 編著

池田書店

ウイスキーを旅する

ウイスキーの背景にあるいくつもの風景、
人、そして時間や歴史の積み重なり。
それを感じながら口にする一杯は
またいつも以上に格別である。
まだ見ぬかの地を思い浮かべつつ
グラスを片手にウイスキーの旅へ——。

クラシックなダンネージ式の熟成庫に
原酒が眠る、秩父蒸溜所

海(インダール湾)に面したボウモア蒸溜所

ニューポットが流れ出るスピリットセイフを操作するスチルマン
(アードベッグ蒸溜所)

ラガヴーリン蒸溜所の敷地内を流れる小川は、ピートに染
まったウイスキー色

伝統的な石造りの熟成庫（グレンファークラス蒸溜所）

蒸溜したアルコールを冷却し、液化するワーム・タブ（ダルヴィニー蒸溜所）

アイラ島のピート採掘場。掘り出したピートは乾燥して使う

小さくて美しい蒸溜所エドラダワーの、スコットランドで一番小さなポットスチル

エドラダワー蒸溜所

アイラ島のラフロイグ蒸溜所

アイラ島北部の丘陵地。海峡を挟んで向こう側はジュラ島だ

スペイサイドの小さな町ローゼス。5つの蒸溜所が集まる

アイラ海峡に望むカリラ蒸溜所のスチルハウス

CONTENTS

序章

最初に知っておきたいウイスキーのこと

1章

シングルモルト・スコッチ・ウイスキー

2章
ブレンディッド・スコッチ・ウイスキー＆アイリッシュ・ウイスキー

CONTENTS

4章 ウイスキーを愉しむ

5章

アメリカン・ウイスキー&カナディアン・ウイスキー

CONTENTS

CONTENTS

序章

最初に知っておきたいウイスキーのこと

introduction

Q1

スコッチも、バーボンもウイスキー?

A：両方ともウイスキー。ウイスキーとは「穀物を原料とした蒸溜酒で、木樽で熟成させたもの」。〝世界の5大ウイスキー〞と呼ばれるものとして、アイリッシュ、スコッチ、アメリカン、カナディアン、ジャパニーズがある。

酒類の分類とウイスキー

- **酒類**
  - **醸造酒**：原料を発酵させただけで飲まれる酒。アルコール度数は低め。
    - ビール：大麦・5度前後
    - ワイン：ブドウ・13度前後
    - 日本酒：米・17度前後
    - など
  - **蒸溜酒**：醸造酒を蒸溜して造られたもの。透明なホワイト・スピリッツと長期熟成したブラウン・スピリッツに分かれる。
    - **ホワイト・スピリッツ**
      - ウォッカ：大麦、小麦、とうもろこしなど・40〜60度前後
      - ジン：杜松の実・35〜45度前後
      - 焼酎：さつま芋、米、麦など・20〜40度前後
      - など
    - **ブラウン・スピリッツ**
      - **ウイスキー：大麦・40〜60度前後**
      - ブランデー：ブドウ・40〜60度前後
      - など
  - **混成酒（リキュール）**：醸造酒や蒸溜酒に甘味料や香料、果実のエキスなどを加えたもの。
    - リキュール類各種
    - など

ウイスキーの定義と5大ウイスキー

ウイスキーの定義は、①大麦などの穀物が原料で、②蒸溜酒であること(※)、③木樽熟成されていることだ。「蒸溜酒」というのは、ビールや日本酒、ワインなど、原料を発酵させてできる「醸造酒」に対して、それらを蒸溜してアルコール分を高めたもの。ブランデー、ジン、ウオッカなどは蒸溜酒に当たる。ただし、ブランデーは原料がぶどう(果実)だからウイスキーではないし、ジン、ウオッカは穀物原料だが樽で熟成されていないのでやはりウイスキーではない。ウイスキーはいろいろな国でつくられているが主要産地は5つで、〝世界の5大ウイスキー〞と呼ばれる。5大ウイスキーの産地とそれぞれの特徴については左のページのとおりだ。

※蒸溜の基本的なしくみについてはP224を参照

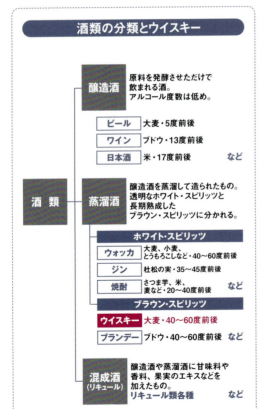

世界の5大ウイスキーとその特徴

スコッチ・ウイスキー
（イギリス北部スコットランド）

1章 P23〜へ

主な種類／モルト・ウイスキー／グレーン・ウイスキー

原　料／大麦麦芽／トウモロコシなど、大麦麦芽

蒸溜方法／単式蒸溜器（主に2回）
連続式蒸溜機

ピートを焚き込むことによるスモーキー・フレーバー（ノンピートもあり）と芳香豊かな味わいが特徴。

ジャパニーズ・ウイスキー
（日本）

3章 P129〜へ

主な種類／モルト・ウイスキー／グレーン・ウイスキー

原　料／大麦麦芽／トウモロコシなど、大麦麦芽

蒸溜方法／単式蒸溜器（2回）
連続式蒸溜機

スコッチの流れをくむが、丸みのある繊細な味わいがあり、水割りにしても広がる。

アイリッシュ・ウイスキー
（アイルランド）

2章 P112〜へ

主な種類／アイリッシュ・ウイスキー

原　料／大麦麦芽、大麦、小麦、ライ麦、トウモロコシなど

蒸溜方法／単式蒸溜器
（主に3回蒸溜）
連続式蒸溜機

古い歴史を持ち、もともとは3回蒸溜が特徴。すっきりとまろやかで、香り高く飲みやすい。

カナディアン・ウイスキー
（カナダ）

5章 P206〜へ

主な種類／カナディアン・ウイスキー

原　料／ライ麦、トウモロコシなど、大麦麦芽

蒸溜方法／連続式蒸溜機

5大ウイスキーの中では最もクセがなく、軽快、ライトな味わい。カクテルにも向く。

アメリカン・ウイスキー
（アメリカ）

5章 P177〜へ

主な種類／バーボン・ウイスキー、ライ・ウイスキー、コーン・ウイスキーなど

原　料／トウモロコシ、ライ麦、小麦、大麦麦芽

蒸溜方法／連続式蒸溜機

独特の赤みと香ばしさ、甘さ、深いコクがあり、力強い味わいのバーボン・ウイスキーが中心。

Q2

シングルモルトとは？
ブレンディッドとは？

A：あるーつの蒸溜所でつくられたモルト・ウイスキーのみを瓶詰めしたものが「シングルモルト・ウイスキー」。複数の蒸溜所でつくられたモルト・ウイスキーと、グレーン・ウイスキーをブレンド（混合）したものが「ブレンディッド・ウイスキー」だ。

モルト・ウイスキーとは…

大麦麦芽（モルト）のみを原料に、単式蒸溜器で蒸溜したウイスキー。それぞれが豊かな風味を持ち、個性を主張することから「ラウド（声の大きい）・スピリッツ」とも言われる。

グレーン・ウイスキーとは…

トウモロコシ、小麦、未発芽の大麦などを主原料（約8割）に大麦麦芽を混ぜて、連続式蒸溜機で蒸溜したウイスキー。クセがなく、マイルドな味わいだが、個性はあまりない。「サイレント（静かな）・スピリッツ」とも言われる。主にブレンド用に使われる。

ウイスキーの
タイプ別分類

モルト・ウイスキー

シングルモルト

単一の蒸溜所（A蒸溜所）でつくられたモルト・ウイスキーのみを瓶詰めしたもの。蒸溜所ごとの個性が明確であり、蒸溜所名をブランド名に使うことが多い。

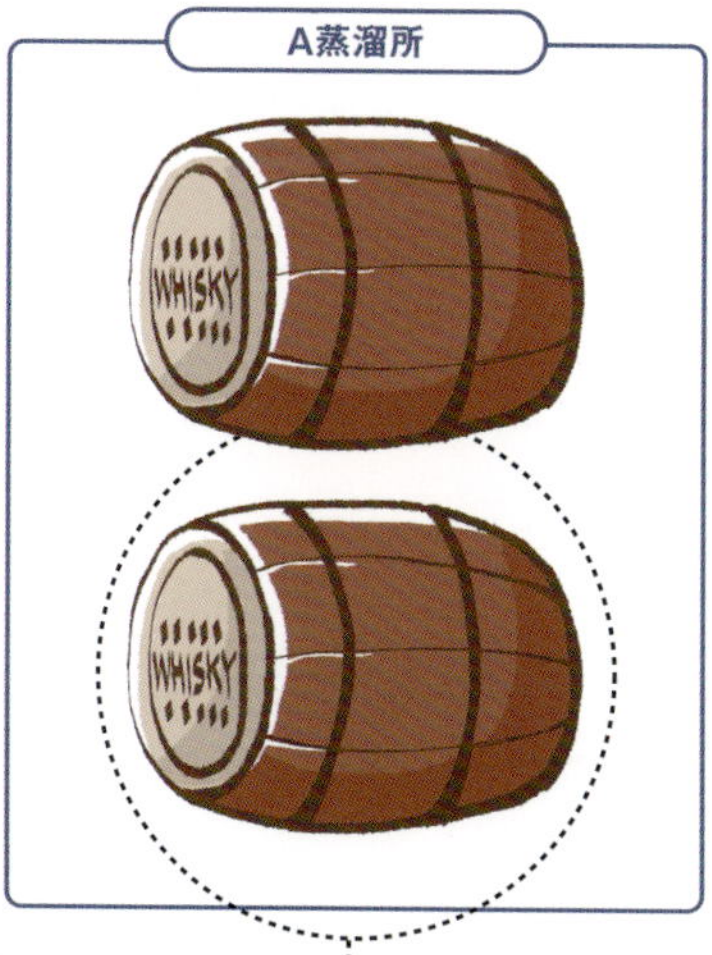

ヴァッティッド・モルト

（※ブレンディッド・モルト）

複数の蒸溜所でつくられたモルト・ウイスキーを混ぜ合わせたもの（A蒸溜所＋B蒸溜所＋…）。

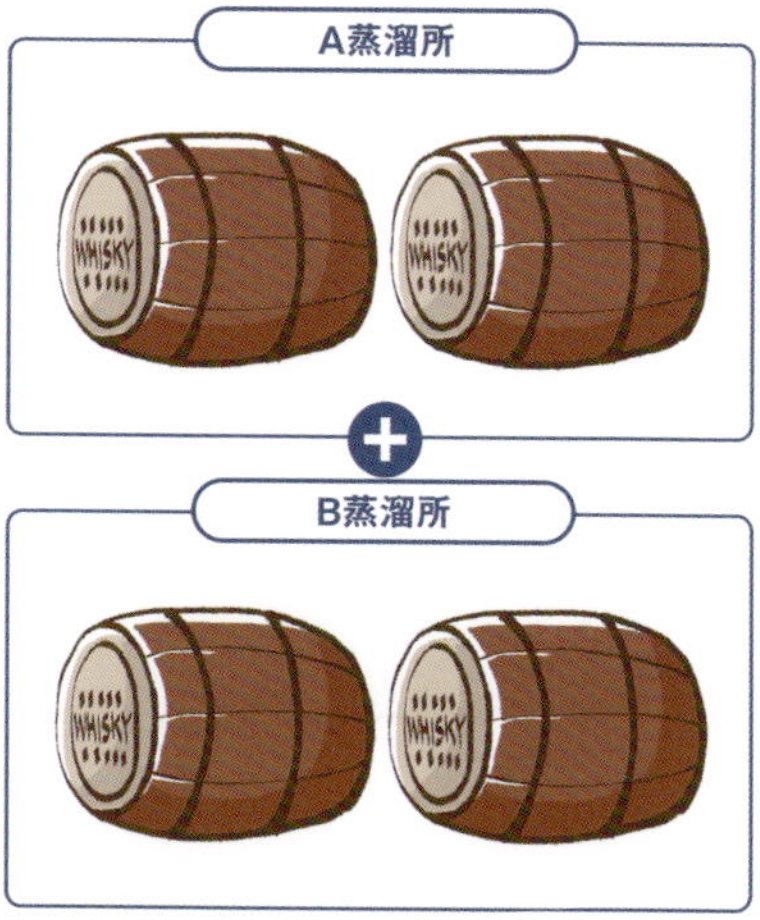

シングルカスク

カスクとは樽のこと。選ばれた一つの樽からのみ瓶詰めしたもの。その樽の個性が明確に出る。

グレーン・ウイスキー

単独の蒸溜所で蒸溜し、ほかの蒸溜所でつくられた原酒を混ぜていないグレーン・ウイスキーをシングルグレーンともいう。単独で商品化されることは少ない。

ブレンディッド・ウイスキー

多種類（複数の蒸溜所）のモルト・ウイスキーと数種（2～3種）のグレーン・ウイスキーをブレンド（混合）したもの。バランスがとれて飲みやすく、奥深い味わいが魅力。

※現在「ヴァティッド・モルト」に変わる新しい用語として「ブレンディッド・モルト」が導入されつつある。

Q3

ウイスキーは
なぜ琥珀色をしているの？

A：蒸溜したての原酒は無色透明で、まだウイスキーとは呼ばれない。これをオーク樽に寝かせ、熟成させることで樽の成分が染み出し、あの琥珀色が生まれる。樽熟成を経て、ウイスキーはウイスキーとなるのだ。

熟成して琥珀色に

樽の中に入れて熟成すると、次第に琥珀色に変わり、香りも深く複雑に、味わいもまろやかに変わっていく。蒸散することで量は少しずつ減っていく。

無色透明のニューポット

生まれたてのウイスキー（＝ニューポット）は無色透明。香味も未熟で粗削りだが、おいしさの元となるさまざまな成分を秘めている。樽はオークでできている。

樽材の種類

数あるオーク（ナラ）の中でも、ウイスキーの貯蔵熟成に使われるのは、アメリカ産のホワイトオークとヨーロッパ産のコモンオーク。樹齢100年以上の良質なものだけが使われる。（ジャパニーズ・ウイスキーの樽材としては北海道産のミズナラもある）

ホワイトオーク（北米産）

主な産地は北米で、ウイスキーの樽材として使用される最も代表的なものはこれ。適度な硬さと強度、耐久性を持ち、液体が漏れにくい材質。リグニン、タンニンなどの成分は、ウイスキーの熟成に香味を与えていく。

コモンオーク（ヨーロッパ産）

スパニッシュオークなどに代表されるヨーロッパ産。重くて堅く、強度、弾性、耐久性にも優れている。古くからワインやコニャックなどの樽材として用いられ、北米産のホワイトオークよりポリフェノールやタンニンが多い。

樽の種類

バレル

最大径/約69cm　長さ/約91cm　容量/約180ℓ
新樽はバーボンに使用。その空き樽はモルトの熟成に適し、現在ウイスキーの樽貯蔵では最も使われている。容量が小さい分、熟成は早い。古樽は上品な木香の原酒を育む。

ホッグスヘッド

最大径/約75cm　長さ/約89cm　容量/約230ℓ
樽の重さが豚（ホッグ）1頭分と同じことからこの名前に。樽材は北米産のホワイトオーク。バレルの古樽を組み替えてつくられている。華やかな木香とバニラ香を生み出す。

パンチョン

最大径/約96cm　長さ/約109cm　容量/約480ℓ
ずんぐりとした形の樽で容量も大きく、長期熟成向き。本来はラム酒用に使われていたもの。木香がそんなに強くなく、すっきりとした味わいの原酒を育む。

シェリーバット

最大径/約89cm　長さ/約128cm　容量/約480ℓ
スペインでシェリーの貯蔵用につくられ、使われた空き樽。モルト・ウイスキーを貯蔵すると、シェリー酒の香りやほのかな甘みが加わり、深く、赤みを帯びた色合いとなる。

Q4

ピーティ、スモーキーとは？

A：スコッチ・ウイスキーでは、原料の麦芽を乾燥させるときにもともと燃料として「ピート」という泥炭《でいたん》を使用してきた。その煙が麦芽に染みたことに由来する燻香（スモークしたような香り）のこと。スコッチに特徴的な風味の一つだ。

湿原から掘り出されたピート。これを乾燥させて使う。

燃えているピート。スコットランドではもともと暖炉などでも焚かれ燃料として使われてきた。

ピートとは…

ピートとは、ヘザー（スコットランド荒野に多く繁茂し、小さな花を咲かす）やコケ、シダなど寒冷地に生える植物が枯死し、何千年にもわたって堆積してできた泥炭のこと。スコットランド北部（ハイランド）やアイラ島でよく採れ、スコッチではこの泥炭層を切り出して乾かし、麦芽を乾燥させるときに燃料として使ってきた。その煙が麦芽に染みたことに由来するスモーキーフレーバーはスコッチに欠かせない特徴といえる。ピートは堆積年数や混入している植物の種類などによって、土地により性質が違う。それによってできあがるウイスキーの香りの特徴もまた違ってくる。

ピートの焚き方とピート香

現在は麦芽を乾燥させる際100%ピートを焚くことはほとんどなく、ピートは香りづけとして焚き込まれている。ピートをどのタイミングでどのくらいの時間焚くかによって、そのモルトのピート香が決まってくる。

時間

ピートを焚く時間。長い時間をかけて焚くほど、当然ピート香の強いモルトになる。

タイミング

麦芽に残る水分量がポイント。麦芽の乾燥は半乾きの状態で行なうが、麦芽に残る水分が多いほど煙の吸収率も高くなりヘビーに、少なければ品のあるピート香になる。

時間

短い	長い
ほのかなピート香	強いピート香

水分量

少ない	多い
上品なピート香	重厚なピート香

たとえば…

ノン・ピーティ ← → ピーティ

グレンゴイン10年
(→P57)
逆にまったくピートを焚いていないのが特徴。上品でまろやかなコクがある。

アードベッグ10年
(→P37)
強烈なスモーキーさが特徴。アイラ島のモルトは総じてピーティで、その個性が魅力。

この本のカタログの見方

①銘柄名
各カテゴリー（⑤）の中で、
アルファベット順で掲載。

②英字表記

シングルモルト・スコッチ
ARDBEG
アイラ

ARDBEG

アードベッグ

ひときわピーティでスモーキー
アイラらしい風味豊かな1本

アイラ島南東海岸に位置している蒸溜所の創業は1815年。島民のマクドーガル家によって創設され、100年近く経営されてきたが、20世紀に入ってからは何度かオーナーが変って生産が減少し、1981年から89年までは完全に操業がストップした。蘇ったのは、1997年、グレンモーレンジ社に買収されたことによって。同社の元で改修が進み、操業が再開された。アードベッグとは、ゲール語で「小さな岬」という意味。スモーキーでピーティなアイラモルトの中でも、もっとも燻り臭く、塩っぽく、ヨード香も強い。それでいて奥にフレッシュなフルーティさ、甘さとコクも持ち合わせている。麦芽に炊き込むピートの度合いは、全スコッチ・モルト中もっとも高いものの一つ。「10年」はスモーキーなアードベッグらしさがよく出て、度数もやや高めなハードヒッター。

DATA

所有者	グレンモーレンジ社
創業年	1815年
蒸溜器	ランタン型
所在地	Port Ellen,Islay
	http://www.ardbeg.com/
問合せ先	MHD モエ ヘネシー ディアジオ（株）

LINE UP

アードベッグ アン・オー……700mℓ・46.6度・7,000円
アードベッグ ウーガダール‥700mℓ・54.2度・8,700円
アードベッグ コリーヴレッカン……………………700mℓ・57.1度・10,400円

TASTING NOTE

アードベッグ10年
700mℓ・46度・5,800円

色	非常に薄いゴールド。レモンイエロー。
アロマ	甘いけどスモーキー。コールタール。洋梨。綿飴のような甘い香り。外国産のチョコレート。
フレーバー	オレンジピール。酒粕。脱脂粉乳。
全体の印象	オイリーでほろ苦い。フィニッシュは長い。歯医者にいるよう。

37

⑤カテゴリー
シングルモルト・スコッチ→生産地区分、アイリッシュ→蒸溜所名、ジャパニーズ→メーカー名、アメリカン→ウイスキーの種類、がそれぞれ示してある。

⑥写真のボトル名とデータ

③データ
ウイスキーのジャンルによって異なるが、製造元、蒸溜所の所有者、創業年、蒸溜器の形、発売年、主要モルト（ブレンディッド）、蒸溜所の所在地、蒸溜所または銘柄のホームページ、問合せ先（正規代理店・メーカー）などを示した。

⑦テイスティング・ノート
テイスティング・ノートは断定的なものではない。あくまで、各自が飲むときの一つの参考として楽しんでいただければ幸いである。基本的に写真のボトルをテイスティングしているが、異なる場合は（　）内にボトルの種類を示した。テイスティングは、色、アロマ、フレーバー、全体の印象によるもので、「Islaybar Tokyo（アイラバー東京）」店長大原陽子氏（当時）を中心としたメンバーにお願いしたものである。

④ラインナップ
写真で紹介したもの以外に、オフィシャルボトルとして国内で販売されているもの（限定品をのぞく）を紹介。

※価格は正規代理店・メーカーによる希望小売価格（税別・2018年10月現在）、オープン価格のものは（参考）として実勢価格を示した。正規代理店で取扱いのない商品に関してはオープンと表記してある。また、変動する場合もあるのでご了承ください。

※本文中にたびたび出る専門用語について説明の必要なものは、巻末のウイスキー用語集をご参照ください。

※市場在庫はあるが、日本の正規代理店・メーカーでは終売となっているものもあります（問合せ先はありません）。

1章

シングルモルト・スコッチ・ウイスキー

Single Malt
Scotch
Whisky

Single Malt Scotch Whisky

シングルモルト・スコッチ・ウイスキーを知る

1 スコットランドとモルト・ウイスキーの生産地区分

イギリス
U.K.（United Kingdom）

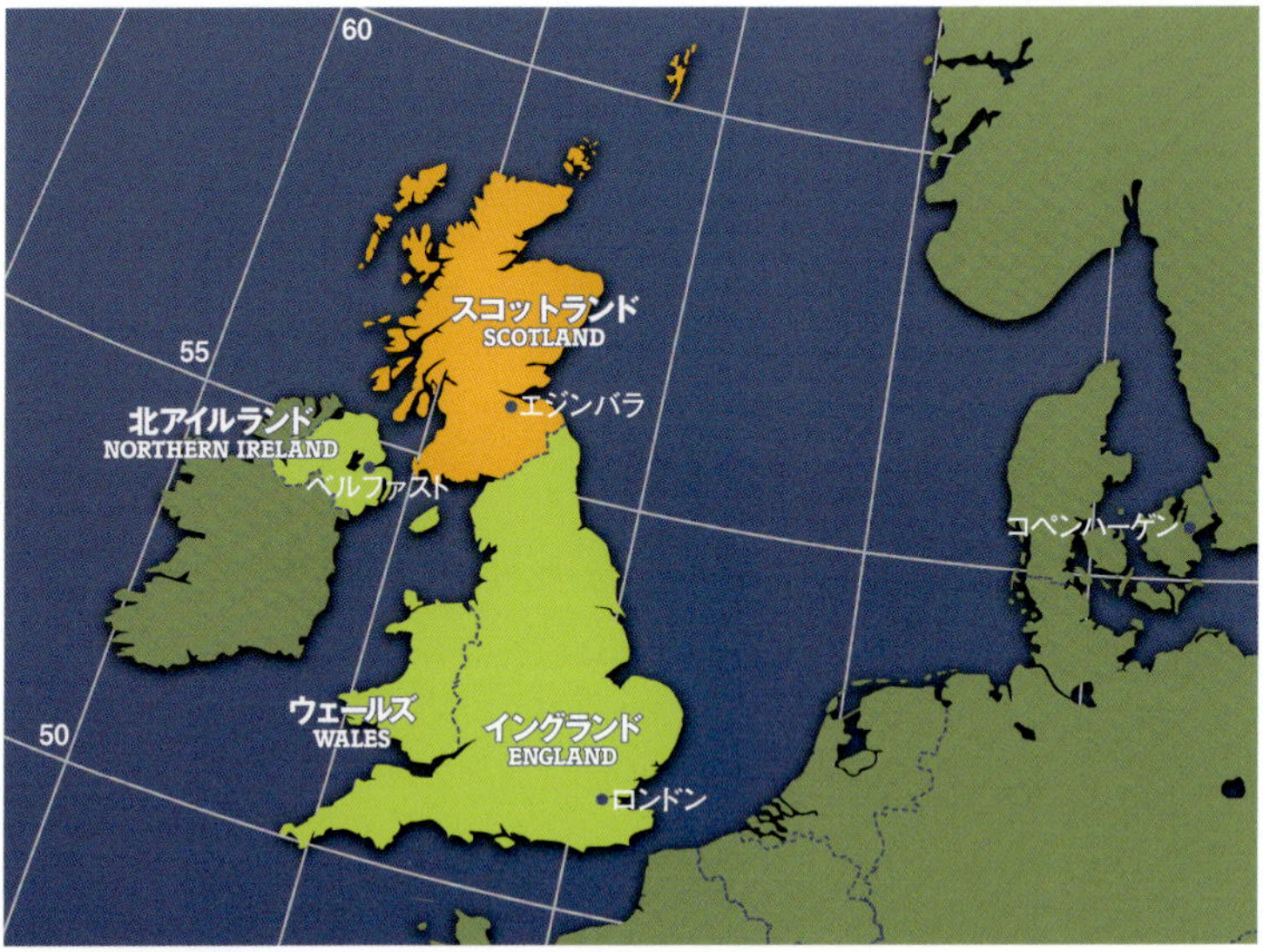

スコットランドの位置

イギリス（正式名称グレート・ブリテンおよび北アイルランド連合王国）は、イングランド、ウエールズ、スコットランド、北アイルランドからなる。「スコットランド」は、このうちグレート・ブリテン島北部に位置し、スコッチ・ウイスキーはそこでつくられるウイスキーだ。

スコットランドの位置とスコッチを生む、気候風土

イギリスは、大きくイングランド、ウェールズ、スコットランド、北アイルランドから構成される。スコットランドは、その中でグレート・ブリテン島の北部約1／3と周りの数百の島々からなっている。

緯度でいうと、首都のエジンバラやグラスゴーが北緯約56度。これは他国の都市ではモスクワやコペンハーゲンとほぼ同じで、日本の札幌の北緯約43度と比べてもかなり北に位置することがわかる。ただし、大西洋を北に流れる暖かいメキシコ湾流と偏西風の影響で、緯度の割には寒くない。冬の平均気温は4～5度、夏は12～15度

中央ハイランド、ピトロッホリーに広がる荒野。一面、ヘザーに覆われた湿地帯。

くらい。冷涼な西岸海洋性気候だ。

地形に目をやると、大きくは北部ハイランドと南のローランドに別れる。なだらかで牧歌的な風景を見せる南部に対して、ハイランドはかつて氷河に削られたエリア。多くの渓谷や湖を有する岩山や、ヘザーに覆われた荒涼とした湿地帯、スコットランド特有の風景が広がっている。こうした荒野に堆積したピート（泥炭）、その大地を流れ下ってくるピュアな水、そして冷涼な気候。これらはいずれもスコッチの誕生に不可欠だったものだ。スコッチはその風土と離れ難く結びついている。

スコットランド内のどこでつくられたか？それがそのモルトを知る一つのヒント

シングルモルトが面白いのは、その味わいが各モルトによって個性的で明確に異なるというところにある。あるウイスキーはスモーキーフレーバーといわれる燻り臭さが強烈で、海を感じさせる塩辛さが感じられるし、また別のものには、花のようで蜂蜜っぽい香りや、やさしい口当りを感じるかもしれない。それは各モルトが、少なからずその生産地の地理的条件や気候風土、そして製法上の伝統の影響を受けて生み出されるからである。したがって、各モルトの個性を知る上で、その生産エリアを知ることは一つの手がかりになりうる。

スコットランドにおけるモルト・ウイスキーの生産地区分は、古くはハイランド、ローランド、アイラ島、キャンベルタウンに分けられてきた。現在はこのうちハイランドから、最も多くの蒸溜所が集中するスペイサイドと、スコットランド周辺の島々・アイランズを独立させることが多く、本書ではその6つの生産地区分を採用する（次頁参照）。また、ハイランドは広域に渡るため、その中をさらに副次的に、北ハイランド、東ハイランド、中央ハイランド、西ハイランドと分けてある。これらの生産地域によって、大まかだが歴史的背景や性格の違いを理解することができる。

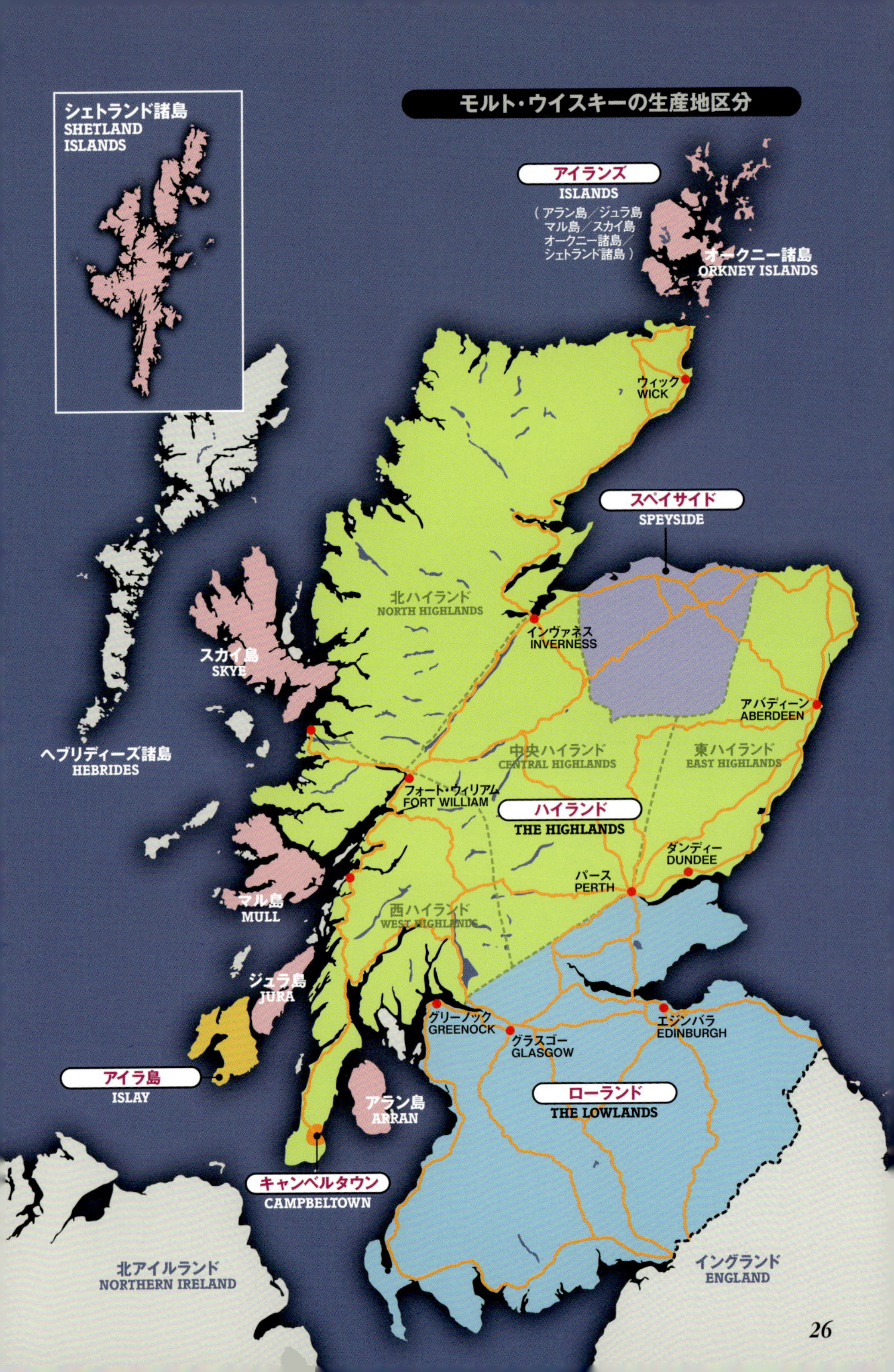

モルト・ウイスキーの生産地区分
シェトランド諸島
SHETLAND ISLANDS
アイランズ
ISLANDS
（アラン島／ジュラ島
マル島／スカイ島
オークニー諸島／
シェトランド諸島）
オークニー諸島
ORKNEY ISLANDS
ウィック
WICK
スペイサイド
SPEYSIDE
北ハイランド
NORTH HIGHLANDS
インヴァネス
INVERNESS
スカイ島
SKYE
アバディーン
ABERDEEN
ヘブリディーズ諸島
HEBRIDES
中央ハイランド
CENTRAL HIGHLANDS
東ハイランド
EAST HIGHLANDS
フォート・ウィリアム
FORT WILLIAM
ハイランド
THE HIGHLANDS
ダンディー
DUNDEE
パース
PERTH
マル島
MULL
西ハイランド
WEST HIGHLANDS
ジュラ島
JURA
グリーノック
GREENOCK
グラスゴー
GLASGOW
エジンバラ
EDINBURGH
アイラ島
ISLAY
アラン島
ARRAN
ローランド
THE LOWLANDS
キャンベルタウン
CAMPBELTOWN
北アイルランド
NORTHERN IRELAND
イングランド
ENGLAND

アイラ島

Islay

日本でいうと淡路島ぐらいの大きさの島に、比較的新しいところを含め、8つの蒸溜所がある。豊富なピートを焚き込まれ、海風の中で眠るモルトは、独特なヨード香やピーティさを持ち、潮の香りを感じさせるのが大きな特徴。特に南岸のアードベッグ、ラガヴーリン、ラフロイグはスモーキー。ブナハーブン、ブルックラディは比較的ライト。ボウモアは中間的でアイラモルトの入門編としてもいい。

アイラモルト→P37～

アイランズ

Islands

スコットランド周辺の島々の蒸溜所を指す。新しくシェトランド諸島にできた蒸溜所が最北端。かつてヴァイキングが支配したオークニー諸島、切り立った山と複雑な海岸線を持つスカイ島、野生の鹿が数多く生息するジュラ島など、それぞれの島が個性的で、地理的にも文化的にも異なる。そのためウイスキーにも共通の性格はないが、いずれも個性的。多少なりとも海岸的性格を感じさせるものが多い。

アイランズモルト→P45～

ハイランド

The Highlands

東のダンディーと西のグリーノックを結んだ想定線の北がハイランドに分類される。広域にわたり27の蒸溜所があるため、北、東、中央、西とさらに4つに分ける。オールド・プルトニー、グレンモーレンジィなどを含む北は比較的力強く、東は地理的、特徴的にもスペイサイドに近い。西は2つだけだが海岸的な特徴、中央にはエドラダワー、グレンタレットなど、フレッシュな個性派モルトが揃う。

ハイランドモルト→P49～

スペイサイド

Speyside

スペイ川流域を中心とした比較的狭いエリアながら、全蒸溜所の半数に近い、50近くが集まっている。昔から大麦の生産地で、良水に恵まれ、清涼な空気が熟成に向くなど、ウイスキーづくりに適し、のみならず大都市から遠く離れた渓谷は、密造酒の一大生産地だった背景も。バランスよく、花や果実を思わせる香しいモルトが多い。ザ・マッカラン、ザ・グレンリベットなど錚々たる蒸溜所が揃う。

スペイサイドモルト→P60～

ローランド

The Lowlands

ハイランドと境界線を挟んで南側のエリア。休業、閉鎖などにより、現在操業中なのは、オーヘントッシャン、グレンキンチー、ブラッドノックの3ヶ所のみ。だが現存する蒸溜所はいずれも個性が強く、魅力的だ。元来ローランドモルトは3回蒸溜を行うところが多く、おだやかで、麦の風味を感じさせるソフトなタッチが多いのも特徴。またグレーン・ウイスキー工場やブレンド業者などの大半もローランドにある。

ローランドモルト→P75～

キャンベルタウン

Campbeltown

20世紀初頭はモルト・ウイスキーの中心地で、30を超える蒸溜所があったが、現在ではスプリングバンクとグレンスコシア、復興されたグレンガイルの3つを数えるのみ。キャンベルタウンモルトの特徴は、香り豊かで、オイリー、塩っぽい風味を持つこと。スプリングバンク蒸溜所は伝統を受け継ぐ名酒であるとともに、失われた周辺の蒸溜所の復興にも尽力しており、近年新しいモルトを出している。

キャンベルタウンモルト→P78～

2 スコッチ・ウイスキー誕生史

密造の歴史の中でスコッチは素晴らしい進化を遂げた

多くの農民が副業で造る自家製の地酒だったスコッチ

スコットランドにいつウイスキーづくりが伝わったのかは判然としない。ただ12世紀頃までにはアイルランドに伝わっていて、そこから修道僧たちの手によって伝わったという説が有力だ。当初はビールなどと同様、〝薬用〟とされていたといわれている。文献上の最古のものは、１４９４年のスコットランド王室財務省の記録で「修道士ジョン・コーに８ボルの麦芽を与え、アクア・ヴィーテを造らしむ」と残されている。

その後16世紀の宗教改革（修道院の解散）を経て蒸溜技術が民間にも広がると、農家でも盛んにつくられるようになる。余った大麦を保存したり、手っ取り早く換金する手段ともなり、地主への地代の一部をそれで支払うことも行われた。それは多くの農民が副業でつくる、いわば自家製の地酒だった。ただし、これは現在のウイスキーとは違い、蒸溜したてを飲む、無色透明な荒々しいスピリッツだ。実は19世紀初めくらいまで、蜂蜜やハーブ、スパイスなどを加え、口に合うようにして飲むというのも一般的だった。樽熟成という重要な工程との出会いには、まだ歴史上の試練を待たなければならない。

密造によって発見された樽熟成の神秘

現代の琥珀色に輝き、まろやかな風味を持つウイスキーの誕生は、18世紀初頭から19世紀前半にかけ、約百年続いた密造酒時代を抜きには語れない。

スコットランド議会がウイスキーに対し初めて課税を行なったのは１６４４年だが、その後１７０７年にイングランドによって併合されると度重なる重税が課せられ、密造に走るものが一気に増加する。このころまでには、特にハイランド地方の農民や氏族にとって、自分たちのスチルを所有し、ウイスキーを蒸溜することは生活の一部となっていた。それに対し、政府は麦芽税や、生産量に対する規制と課税をどんどん強化し、ついには私的な蒸溜を全面的に禁止してしまう。特にスコットランド独立をかけた最後の戦い、１７４５～46年のジャコバイトの乱を制圧すると、イングランド政府は一切のハイランド伝統文化を禁じ、さらにハイランド・モルトへの規制を強化。もちろん、誇り高きハイランドの人々は大いに憤慨し、イングランドへの反感も相俟って、さらに密造は加速されていった。税金から逃れた密造者たちは、持ち運び

ウイスキーの語源は?

蒸溜酒の誕生は、4世紀頃エジプトで盛んになった錬金術に端を発するといわれるが、錬金術師はそれをラテン語で「アクア・ヴィーテAqua-Vitae（生命の水）」と呼んだ。この〝生命の水〟の製法は、やがてヨーロッパ中西部から海を渡り、アイルランド、スコットランドへと伝わるが、これをケルト語に置き換えたのが「Uisge-beathaウシュキ・ベイ」や「Usquebaughウスケボー」という言葉。それがやがて、uiskie→usky→whisky（ウイスキー）と転訛し、現在の〝ウイスキー〟なる言葉が生まれたという。

密造時代のポットスチル
（グレンファークラス蒸溜所）

可能な小さなポットスチルを手に、ハイランドの山あいへと身を隠し、密かに蒸溜を行うことになるのである。

こうして「密造時代」が始まるのだが、それがウイスキーに与えた影響は極めて大きい。彼らがそこで出会ったのは、良質な大麦と、豊かで清冽な山の水、燃料として潤沢なピートであり、そして何より、シエリー酒の空き樽を利用するようになる。人里離れた山あいで、保管や輸送、さらには徴税官の目を逃れるためにウイスキーは手近な空き樽に詰められたのだが、これが発見を生む。徴税官に急襲されて樽を隠し、時を経て数年後に開けてみると、透明だったウイスキーは熟成し、みごとな琥珀色と芳醇な味や香りを身に付けていた。こうしてスコッチ・ウイスキーはその密造時代に大きな進化を遂げることになる。

政府公認蒸溜所の誕生
副業的な生産から産業へ

現在、ハイランドのスペイサイドにあれだけ蒸溜所が密集しているのは、こうした背景による。そこはウイスキーづくりに最適な地であるとともに、大都市から遠く離れ、山深い絶好の隠れ家でもあった。蒸溜所の名前にケルト語で「～の谷」「～の窪地」というものが多いのも、そう考えるとうなずける。

密造時代が幕を閉じるのは、１８２３年、取り締まれど取り締まれど一向に減らない密造についに音を上げたイングランド政府が、酒税法を改正したことによる。年間10ポンドの免許料を払えば誰でも製造が可能となり、税率も大幅に下げられ、地域格差もなく一律に定められた。これを受けて翌１８２４年、政府公認第1号の蒸溜所となったのが、ザ・グレンリベット蒸溜所である。以後10年間に渡り多くの公認蒸溜所が誕生し、密造は姿を消していく。そしてスコッチは、農家の副業的な生産から、一つの産業へと大きく姿を変えていくことになる。

スコッチ・ウイスキー誕生の主なエポック

1494	初めてスコットランドで文献にウイスキーが登場。スコットランド王室財務省の記録に「修道士ジョン・コーに8ボルの麦芽を与え、アクア・ヴィーテを造らしむ」と記される。
1644	スコットランド議会、ウイスキーに初課税。
1707	スコットランドがイングランドに併合される。これ以降、ウイスキーにより重税が課せられていき、それに反発するようにして密造者が増えていく。
1746	スコットランド独立をかけたジャコバイトの反乱が鎮圧される。イングランド政府は、ハイランド氏族文化への規制と課税をさらに極め、以降、ハイランドを中心にさらに本格的な密造時代へ。
1823	酒税法改正（The Excise Act）。政府公認蒸溜所の時代へ。税率が下げられ、年間10ポンドの認可料でウイスキーづくりが可能に。翌年、密造時代の雄、グレンリベット蒸溜所が、政府公認の蒸溜所第1号となる。

3 熟成樽とモルトの個性

その樽に以前何が詰められていたかでモルトの個性が変わってくる

シェリー樽とバーボン樽 その個性の違いを楽しみたい

スコッチ・ウイスキーはオークの樽で熟成されるが、その樽はその前に一度スコッチ以外のものが詰められていたものが使われる。大きくいえば、シェリー樽、バーボン樽、プレーン樽（リフィル樽とも呼ばれる）に分けられる。前の二つは文字通りその前にそれぞれ、シェリー酒、バーボンが詰められていたもの。プレーン樽とは、一度スコッチを熟成させたあとの再々利用以降の樽をいう。スコッチの場合、新樽では樽の成分がきつく出過ぎてしまうため、通常新樽は使われない。

そもそもモルトの熟成にはイギリスに大量に輸入されていて身近にあった、シェリーの空き樽が使われたのが最初だが、20世紀初頭以降、大量生産時代が到来するとシェリー樽が徐々に足りなくなり、バーボン樽も使われ出した。現在は逆にバーボン樽が主流だ。一方でシェリー樽はより稀少で高価なものとなってしまっている。

シェリー樽かバーボン樽か、それによって当然モルトは風味に影響を受け、色みや味わいも変わってくる。それぞれの一般的な特徴は次ページの通りだ。シェリー樽熟成にこだわりを持つモルトもあれば、バーボン樽熟成にこだわるものもある。また、割り合いはそれぞれだが、シェリー樽、バーボン樽、どちらも使って熟成し、双方を上手くヴァッティングしてバランスを取っているモルトもある。その違いに注目しながら味わってみるとまた楽しい。

50年もの!の原酒が眠るシェリー樽。樽の寿命は50〜70年くらい。その間、中身を払い出され、リフィル樽として詰め替えられて、何回か（通常3回くらいまで）使われるものもある。

樽は製造過程で、オーク材を曲げやすくするために強烈なスチームにかけられる。クーパレッジ（樽工場）には火と蒸気も付きもの。

シェリー樽熟成

シェリー酒を寝かせていた樽による熟成。シェリーの香りや色味が移り、色合いは深く赤みを帯び、濃厚で乾燥果実を思わせる芳香と、シェリーのほのかな甘味を生む。

ザ・マッカラン

シェリー樽熟成とその味わいにこだわる代表格がザ・マッカラン。ほかにはグレンファークラスなども。

バーボン樽熟成

内側を焦がしてバーボンを寝かせていた樽による熟成。色合いはライトなブラウンに。より繊細で、バニラのような甘い風味と、柑橘系を思わせる香味を生む。

グレンモーレンジィ

バーボン樽熟成とその味わいにこだわる代表格がグレンモーレンジ。ほかにはラフロイグなども。

ウッド・フィニッシュとは？

バーボン樽やシェリー樽それぞれで熟成させたあと、仕上げの熟成として、それとは異なった性質の樽を使って熟成させるのが、ウッド・フィニッシュだ。そのパイオニアといえるのはグレンモーレンジィで、仕上げに使うワイン樽は、ポート、シェリー、マデイラ、バーガンディ（ブルゴーニュワイン）、マルゴー（ボルドーワイン）と多岐にわたる。バーボン樽で10年以上熟成させたあと、それぞれの樽で1〜2年仕上げの熟成が施される。新たな風味が加わり、奥行きのある個性的な仕上がりとなる。

テイスティング

色、香り、味を確かめ、そのウイスキーの個性を知ろう

いくつかのポイントに注意しつつ あくまで自分の感覚で

ウイスキーはもちろん自由に味わえばいいが、シングルモルトはそれぞれの個性が違うのが楽しいところ。そこで色、香り、味に注目して個々のウイスキーの特徴を捉え、比べてみる＝テイスティングに挑戦してみると面白い。まず用意するのはグラスと水。グラスは色と香りがわかりやすいように、できればワイングラスのようなチューリップ型で、透明なものが好ましい。水はウイスキーをストレートで試したあと、少し加えて香りの開花を確かめるためのもので、水道水ではなく、できれば軟水系のミネラルウォーターがいい。具体的な手順とポイントは下記の通り。

あくまで自分の感覚を大切に表現すればいいが、ウイスキーには、原料や発酵、蒸溜、樽熟成など、その製造過程に由来する特有の香りや味わいがある。ある程度それを理解して、それらを示したアロマホイール（P33参照）などを使ったりして探ってみると客観的な比較もできて楽しい。香りや味は、種類だけでなく強弱や、時間が経つと変化するのでその辺りにも注意して全体像を捉えるといい。最初はわかりにくくても、慣れるにしたがって発見があり、楽しみが広がるはずだ。

テイスティングの手順とポイント

色

①グラスに20〜30ccを注いでまず色を見る。

同じ琥珀色でも、濃淡や赤系か黄色系かなど色味の違い、光沢や透明感などにも注目。また、グラスを傾けて戻すとできる酒の〝涙〟で、粘性も確認。濃厚なモルトほどグラスの中をゆっくりと垂れるはず。

香り

②ストレートでアロマをかぐ。

口に含まず立ち上ってくる香りをアロマという。グラスをゆっくり回してウイスキーを空気に触れさせ、まずは遠めからさっとかいで第一印象を。アルコールの揮発性の刺激を逃がしたあと、次に鼻を近づけてかぐ。時間の経過によっても変化する。最初に薫る香りをトップノートという。

味

③少量を口に含み、ボディと味を確かめる。

ウイスキーを口に含んだとき最初に感じ取れるのが口当りとボディ。芳醇なコクを持つのがフルボディ、軽くすっとしたのがライトボディ。口に含んだら香りを鼻に抜けさせ、それからゆっくり舌の上全体に転がして味を探っていく。甘さや塩辛さ、酸味、苦味、クリーミーかドライか、熱いかじんわり温かいかなど…。

④フィニッシュを楽しむ。

ウイスキーを飲み込んだあとの印象、余韻がフィニッシュ。よいモルトはこれが長く続いて変化していき、なんとも味わい深い。さっぱりしてるのか、リッチか、香ばしいか、長いか短いか、等々…。

加水

⑤加水して同様のことを繰り返してみる。

ストレートで一通りやったら、水をウイスキーの量の1/3〜同量くらい加え、同様のことを繰り返してみる。水を加えてやることで香りが開き、ストレートのときよりわかりやすくなることも多い（アルコール度数20度くらいにするといいといわれる）。

アロマホイールとモルトの特徴

モルト・ウイスキーに特徴的なアロマ、フレーバーをサークル状のチャートにしたのがアロマホイール。1979年に作られた「ペントランド・フレーバー・ホイール」が最初で、以降一般向けにより使いやすく簡略化が図られている。書き込んだチャートの大きさ（面積）や形によって、そのモルトの全体的なパワーやタイプ（バランスがいいか?個性的か?）などを比較したり、客観視もできて面白い。

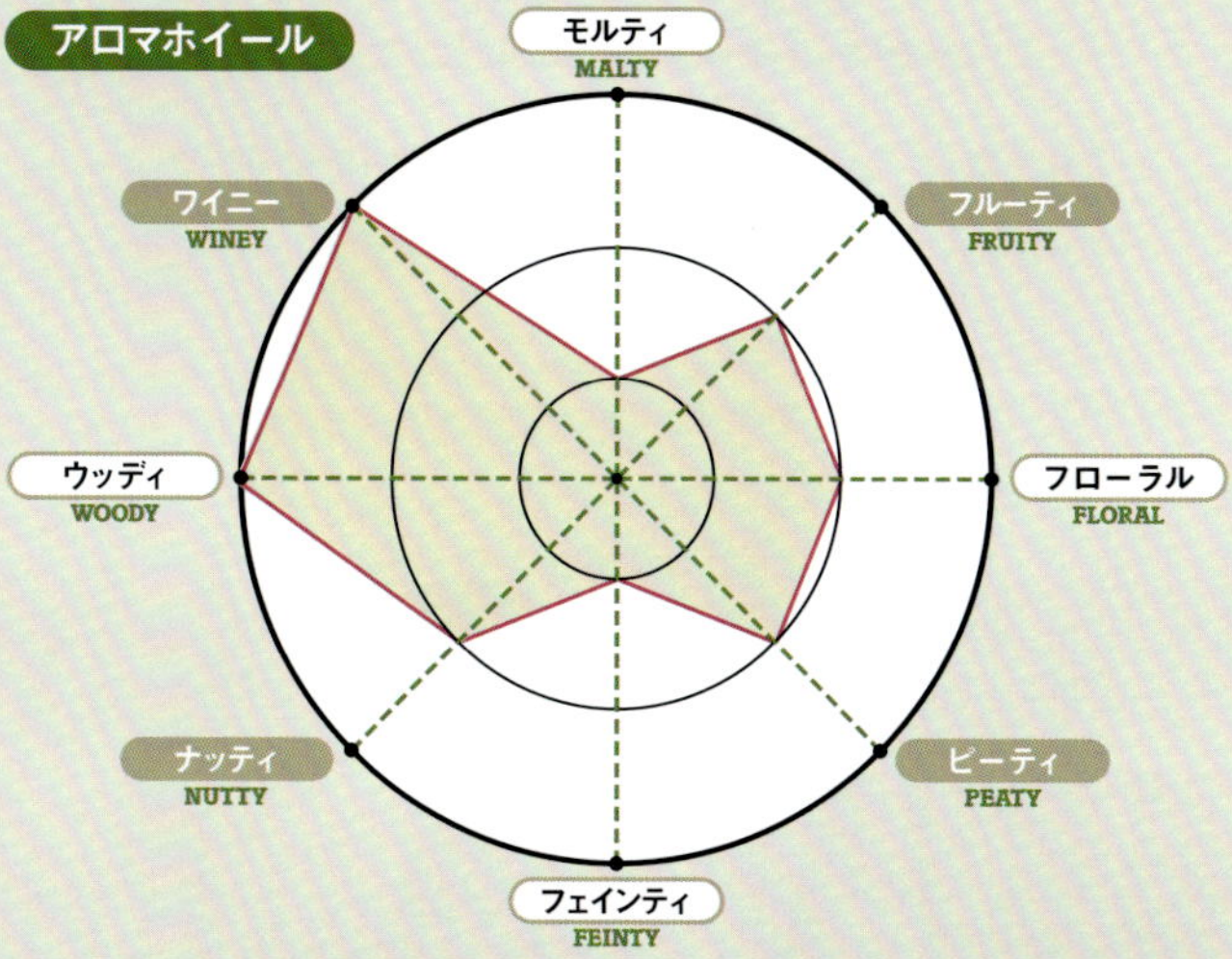

モルティ
MALTY

原料である麦芽自体や、その発酵過程、酵母などから生まれてくる香り。

ex.麦芽、穀物ぽさ、マッシュポテト、焼き立てのパン、ビスケット、トウモロコシ、酵母様、ケーキ、焙煎したコーヒー、など

フルーティ
FRUITY

果実を連想させる甘く心地いい香りや、華やかな芳香。多くは発酵や蒸溜過程で生まれる。

ex.レーズン、ドライフルーツ、アプリコット、プリン、タルト、マーマレード、洋ナシ、バナナ、バラ、レモン、ライム、など

フローラル
FLORAL

さまざまな花やハーブなど植物系の芳香。発酵や熟成の過程で生まれるといわれる。

ex.スミレ、スイカズラ、ミント、松のエッセンス、ラベンダー、樹液、シャーベット、温室、芝生、植物、干し草、など

ピーティ
PEATY

麦芽に焚き込まれたピートの燻煙香や、仕込み水自体、海や潮風の影響による香り。

ex.ピートの煙、スモーキー、たき火、焼けたヘザー、ピート、苔、海草、ヨード、塩水、海の空気、タール、湿った土、など

ナッティ
NUTTY

熟成過程や発酵時に由来する高級脂肪酸や乳製品、クリームなどを連想させる香り。

ex.アーモンド、ヘーゼルナッツ、生クリーム、バター、ロウソク、オイリー、ミルクチョコレート、焦げたケーキ、など

フェインティ
FEINTY

蒸溜過程で生じ、フェインツに含まれるタバコやレザーなど複雑で刺激的な香り。

ex.ビスケット、タバコ、トースト、革製品、なめし皮、茶箱、亜麻布、靴墨、ソーセージ、図書館、蜜のような、チーズ、など

ワイニー
WINEY

シェリーを始めとしたワイン樽熟成によって引き出される馥郁とした香り。

ex.シェリー、シャルドネ、グレープ、ポートワイン、ブランデー、マデイラ、オロロソ、ゴムのトーン、完熟リンゴ、など

ウッディ
WOODY

ホワイトオーク樽での熟成によって引き出されるバニラ香やスパイシーな香りなど。

ex.バニラ、蜂蜜、キャラメル、バタースコッチ、ヘザーの蜜、クローブ、シナモン、ジンジャー、ペッパー、葉巻、など

最初に飲みたい！
オススメボトル

**あくまで一つの参考だが、
これからウイスキーを楽しみたいという人への
オススメの5本。
それぞれ、シングルモルト・スコッチのさまざまな個性が
魅力的に伝わってくる1本。**

ザ・マッカラン12年
THE MACALLAN 12

→P72

●スペイサイド

**フルボディの
スペイサイドモルト
＆シェリー樽熟成を
代表する1本！**

「シングルモルトのロールスロイス」と称賛されるモルトの王様は、シェリー樽熟成の魅力を徹底して追求した、スペイサイドモルトでもフルボディタイプの代表格。じっくり味わいたい。

ボウモア12年
BOWMORE 12

→P38

●アイラ

**絶妙バランスな
ピーティ＆海っぽさ
アイラの魅力を知る
絶好の1本！**

独特のピーティさとヨードっぽい海の香りが特徴的なアイラモルト。その中ではピート香も中位に位置し、どこか華やかな花の香りも混じって魅力的。絶妙のバランスを味わいたい。

グレンモーレンジィ オリジナル

GLENMORANGIE Original

→P51

●ハイランド

ハイランドの雄。実に華やかでバーボン樽熟成を代表する1本！

軽くて華やか、花や柑橘類を思わせる香りと味わいはまさしくハイランドの雄。バーボン樽での熟成に徹底してこだわってることでも有名だ。女性にも人気の高いモルトの一つ。

グレンフィディック12年スペシャル・リザーブ

GLENFIDDICH 12 Special Reserve

→P65

●スペイサイド

もう一つのスペイサイドモルトライト&フレッシュを代表する1本！

スペイサイドモルトには、ライトで繊細な中に華やかな味わいを持つタイプもある。フレッシュ&クリーンでその代表格の一つがこのボトル。世界で一番売れているモルトでもある。

ハイランド・パーク12年 ヴァイキング・オナー

HIGHLAND PARK 12 Viking Honour

→P46

●アイランズ

北海の島が育んだ力強い味わいオールラウンダーな魅力を持つ1本！

スコットランドの北端に浮かぶオークニー諸島にある蒸溜所が生むアイランズモルト。古典的なシングルモルトの持つあらゆる要素が詰まったオールラウンダーと評される1本だ。

シングルモルト スコッチ・ウイスキー カタログ

Single Malt Scotch Whisky Catalog

ARDBEG

アードベッグ

ひときわピーティでスモーキー アイラらしい風味豊かな1本

アイラ島南東海岸に位置している蒸溜所の創業は1815年。島民のマクドーガル家によって創設され、100年近く経営されてきたが、20世紀に入ってからは何度かオーナーが変って生産が減少し、1981年から89年までは完全に操業がストップ。蘇ったのは、1997年、グレンモーレンジィ社に買収されたことによって。同社の元で改修が進み、操業が再開された。アードベッグとは、ゲール語で「小さな岬」という意味。スモーキーでピーティなアイラモルトの中でも、もっとも煙り臭く、塩っぽく、ヨード香も強い。それでいて奥にフレッシュなフルーティさ、甘さとコクも持ち合わせている。麦芽に炊き込むピートの度合いは、全スコッチ・モルト中もっとも高いものの一つ。「10年」はスモーキーなアードベッグらしさがよく出て、度数もやや高めなハードヒッター。

TASTING NOTE

アードベッグ10年	
	700mℓ・46度・5,800円
色	非常に薄いゴールド。レモンイエロー。
アロマ	甘いけどスモーキー。コールタール。洋梨。綿飴のような甘い香り。外国産のチョコレート。
フレーバー	オレンジピール。酒粕。脱脂粉乳。
全体の印象	オイリーでほろ苦い。フィニッシュは長い。深いコクと柑橘。歯医者にいるよう。

DATA

所有者	グレンモーレンジィ社
創業年	1815年
蒸溜器	ランタン型
所在地	Port Ellen,Islay
	http://www.ardbeg.com/
問合せ先	MHD モエ ヘネシー ディアジオ(株)

LINE UP

アードベッグ アン・オー	700mℓ・46.6度・7,000円
アードベッグ ウーガダール	700mℓ・54.2度・8,700円
アードベッグ コリーヴレッカン	700mℓ・57.1度・10,400円

ボウモア

かぐわしいピート香と海風の香り アイラの魅力を知るのに絶好

蒸溜所はアイラ島の中央に切れ込むインダール湾の中ほど、ボウモアの街の小さな港のそばに建つ。地元の農民デイビッド・シンプソンが1779年に創設したアイラ島で一番古い蒸溜所だ。海際の熟成庫は風の強い日には波しぶきが屋根の上まであがり、ときに海面より下になる。仕込みに使われるラガン川の水は、ピートを色濃く取り込んで流れる水だ。また、ボウモアは現在もフロアモルティングを行う数少ない蒸溜所の一つで、全体の40%ほどがそれによってまかなわれている。ピート香はアイラモルトの中では中位。ピートの火、ピートの水で仕込まれ、海の香りを呼吸して熟成する酒は、ピート香、スモーキーさの中に、海の香りやどこか華やかな花の香りが混ざり絶妙なバランス。アイラモルトの魅力を知るにも絶好の酒だ。

DATA

所有者	モリソン・ボウモア社
創業年	1779年
蒸溜器	ストレートネック型
所在地	Bowmore,Islay
	http://www.Bowmore.com/
問合せ先	サントリーホールディングス(株)

LINE UP

ボウモア ナンバーワン	700mℓ・40度・3,500円
ボウモア 15年	700mℓ・43度・8,000円
ボウモア18年	700mℓ・43度・9,600円
ボウモア25年	700mℓ・43度・54,000円

TASTING NOTE

ボウモア12年

700mℓ・40度・4,400円

色	ゴールド。
アロマ	スモーキー、キャラメル、海草(ワカメ)。牛革、ゴーダチーズ、干し柿。
フレーバー	トロッとした舌ざわり。カルピスのような乳酸ぽさ。クリーム。麦芽。
全体の印象	ピーティさが強く、複雑。微妙に墨を感じる。加水すると華やか。ニートで。

BRUICHLADDICH

ブルックラディ

TASTING NOTE

ブルックラディ ザ・クラシック・ラディ

700mℓ・50度・5,500円

（10年）

色	黄色がかった薄めのゴールド。
アロマ	若い麦。ヒース(草花)。少しオイリー(カシューナッツ)。やや粉っぽさと金属っぽさ。
フレーバー	洋梨っぽさ。オレンジジュース。少しパフューム。
全体の印象	フレッシュ。全体に若い雰囲気。どこか花火のあとの火薬っぽさも。

フレッシュでほのかにフルーティ
軽めで香り豊かなアイラモルト

ブルックラディはインダール湾を挟んでちょうどボウモアの対岸に位置する蒸溜所で、ゲール語で「海辺の斜面」を意味する。創業は1881年だが、1994年以降生産がストップしていた。再開されたのは2001年5月。元ボウモア蒸溜所長のジム・マッキューワン氏を含む数名をオーナーに個人の投資家を募り、ユニークな独立採算制の会社となった。アイラモルトの中ではライトタイプで、ソフトな仕込み水とピートをほとんど焚かない麦芽により、ほのかに柑橘系のフルーツを感じさせるようなフレッシュでクリーンな味わいを持つ。2003年にはスコットランドでも数少ない独自の瓶詰め設備をオープン。冷却ろ過やカラメル着色は一切行なわず、加水にも仕込み水を使用して46度で瓶詰めされる。ヘビーにピートを焚いた麦芽で「ポート・シャルロット」「オクトモア」も仕込んでいる。2012年からレミー コアントロー社が新オーナーとなった。

DATA

所有者	レミー コアントロー社
創業年	1881年
蒸溜器	ストレートネック型
所在地	Bruichladdich,Islay
	http://www.bruichladdich.com/
問合せ先	レミー コアントロー ジャパン(株)

LINE UP

ブルックラディ アイラ・バーレイ2010
…………………………700mℓ・50度・6,500円

BUNNAHABHAIN

ブナハーブン

フレッシュな潮の香りでスイート もっともライトなアイラモルト

ブナハーブンは、アイラ島の蒸溜所の中でもっとも北、ポートアスケイグ港よりさらに北の、アイラ海峡を隔ててジュラ島を望める人里離れた海岸に位置している。1881年に建てられ、1883年に生産がスタート。ブナハーブンとはゲール語では「河口」という意味だ。マーガディル川からパイプで引かれる仕込み水は、石炭岩を通って湧く微かにピーティな硬水だ。このクリーンな水と、ほとんどピートを焚かない麦芽で仕込まれたブナハーブンは、潮気を感じさせつつ、スモーキーさは少なく、アイラモルトではもっともライト。フレッシュで、繊細な味わいが特徴だ。2003年にはバーン・スチュアート社によって買収された。2004年には'90年代後半に試験的にピートを強く焚き込んで仕込まれた酒を「モワン」という名前で限定発売。以降かなりピーティなモルトをリリースしており、それも楽しみ。

DATA

所有者	ディステル・インターナショナル社
創業年	1881年
蒸溜器	ストレートネック型(タマネギ型)
所在地	Port Askaig,Islay
	http://www.bunnahabhain.com
問合せ先	アサヒビール(株)

LINE UP

ブナハーブン25年 ……700mℓ・46.3度・30,000円

TASTING NOTE

ブナハーブン12年	
700mℓ・46.3度・6,370円	
色	赤みがかった濃いゴールド。
アロマ	アップルパイ、カスタードクリーム。少し時間が経つと塩っぽさ。シェリー樽の香り。
フレーバー	軽いシェリー、シナモン、パパイヤ。トースト、アーモンド。メープルシロップが少し。
全体の印象	ピート感はほとんどない。案外シェリーフレーバーが強く、味はしっかりしている。

TASTING NOTE

カリラ12年	
700mℓ・43度・5,800円	
色	薄いゴールド、レモン水。
アロマ	スモークハム、麦、梨や巨峰のような果実香が隠れている。瑞々しい感じ。
フレーバー	舌に塩気が乗っかる感覚。口全体には甘さ、バニラが広がる。少しバジルの風味。巨峰の味も。
全体の印象	香り、味、フィニッシュにコールタールの印象も。

CAOL ILA

カリラ

アイラモルトファンの心をくすぐる スパイシーさの効く個性派モルト

カリラとはゲール語で「アイラ海峡」を意味する。その名の通り、蒸溜所はポートアスケイグ港近くの入り江にあって、スチルハウス（蒸溜棟）の大きな窓からはアイラ海峡とジュラ島が間近に見渡せる。創業は1846年、ヘクター・ヘンダーソンによる。背後に迫る丘の上にあるナムバン湖から引かれる仕込み水はミネラルを含み、ピート色が濃い。また、麦芽はさまざまなピートレベルのものが、ポートエレンから調達されている。その酒はピートが効いてスモーキーな中に、シガーやハーブ、ナッツを感じさせてスパイシー。かすかな甘さとオイリーさも印象的だ。現在はディアジオ社の所有で、年間生産量は約650万ℓとアイラ島で最大を誇る。ほとんどが同社のブレンド用原酒として使われ、シングルモルトとしては入手困難だったが、2002年からは同社の〝ヒドゥン・モルト・シリーズ〟として発売されている。

DATA

所有者	ディアジオ社
創業年	1846年
蒸溜器	ストレートネック型
所在地	Port Askaig,Islay
	http://www.malts.com/caolila
問合せ先	MHD モエ ヘネシー ディアジオ（株）

LINE UP

カリラ18年	700mℓ・43度・13,100円
カリラ25年43%	700mℓ・43度・36,800円

KILCHOMAN

キルホーマン

ファームディスティラリーが生む風土を映したスモーキーアイラ

2005年、アイラ島では124年ぶりに建設された蒸溜所だ。創業者のアンソニー・ウィルズが目指したのは、19世紀にはアイラ島でも一般的だった「ファームディスティラリー（農場型蒸溜所）」だ。蒸溜所は大麦畑に囲まれて立ち、原料となる大麦の一部は自社や近隣の農家で栽培。使用するピートもすべてアイラ島産で、いまやスコットランドでも少ないフロアモルティングも行われている。ポットスチルは初溜が2700ℓ、再龍が1500ℓで、年間生産量は20万ℓと小さく、職人の手による手造り（クラフト）にこだわり、ボトリングまですべての工程をアイラ島内で完結している。ヘビーピーテッド（フェノール値50ppm）な麦芽を使い、主にバーボン樽を使用して熟成する。フラグシップの「マキヤーベイ」は力強いピーティさとバニラの甘さがマッチした典型的なスモーキーアイラモルトだ。

DATA

所有者	キルホーマン・ディスティラリー社
創業年	2005年
蒸溜器	ストレートヘッド型、ボール型
所在地	Rockside farm, Bruichladdich,Islay
	http://kilchomandistillery.com
問合せ先	（株）ウィスク・イー

LINE UP

キルホーマン サナイグ
……………700mℓ・46度、7,440円（参考）

TASTING NOTE

キルホーマン マキヤーベイ

700mℓ・46度・6,320円（参考）

色	ライトゴールド。
アロマ	スモーキーで強いピート香に、海藻や胡椒。ミックスフルーツ。麦の香ばしさ。
フレーバー	スムースな口当たりで、柑橘やトロピカルフルーツ。ピーティなスモーキーさ。
全体の印象	強いピートスモークの中に明るいフルーティさ。長くて甘い余韻の中にはナッティさもある。

TASTING NOTE

ラガヴーリン16年	
	700mℓ・43度・8,400円
色	琥珀色。
アロマ	クレヨンや油性絵の具のようなオイリーな匂い。紫蘇の香り。
フレーバー	かなりピーティ。焦げ臭くて線香のよう。葛切りに黒蜜をかけたような甘味。シガーを吸っている感覚。かつお節。
全体の印象	余韻は長い。ストレートで飲みたい。

LAGAVULIN

ラガヴーリン

強烈なピート香、海の香りを持ち しかもなめらかで深い味わい

アイラ島南岸に位置する蒸溜所は1816年の創業だが、1740年代には周辺に10ヶ所の密造所があったという。ラガヴーリンとはゲール語で「水車小屋のある窪地」という意味。周囲はピートに厚く覆われた湿地で、ソラン湖からその中を流れ下った水で仕込まれている。深くピートを焚き込まれた麦芽を使い、じっくりと時間をかけて発酵や蒸溜が行われるのも特徴。これが強烈にピーティ、スモーキーであるとともに、深い甘さや、なめらかで豊かな味わいを生むといわれている。熟成庫は波しぶきを浴びる海辺にあり、このモルトが塩味や海のアロマを持つのも納得できる。現在はディアジオ社の所有で、同社の〝クラシック・モルト・シリーズ〟の一つとして出ている「16年」が、主要なオフィシャル・ボトル。ブレンディッドの「ホワイトホース」の核になる原酒としても知られている。

DATA

所有者	ディアジオ社
創業年	1816年
蒸溜器	ストレートネック型(タマネギ型)
所在地	Port Ellen,Islay
	http://www.malts.com
問合せ先	MHD モエ ヘネシー ディアジオ(株)

LINE UP

ラガヴーリン8年 ………………700mℓ・48度、6,100円

LAPHROAIG

ラフロイグ

薬品のような香りとスモーキーさが
ハマるとたまらないアイラの代表格

蒸溜所の創設は1815年、ジョンストン兄弟によって、アイラ島南部の浜辺に建てられた。ラフロイグとはゲール語で「広い湾の美しい窪地」という意味。スモーキーでピーティであるとともに、薬品臭いヨード香が印象的。好き嫌いは別れるが、一度ハマると忘れられない味だ。1950〜70年代にはベッシー・ウイリアムソンという女性が所長を務めたが、数々のこだわりを持つ製法は彼女の時代から受け継がれるもの。ラフロイグは現在もフロアモルティングを行い、麦芽を乾燥させるピートも独自の採掘場を持つ。このピートには多量の水ゴケや海藻が含まれ、それが特有の香りを生むといわれている。熟成にはファーストフィル（1空き）のバーボン樽しか使わないのも特徴で、風味の奥に甘さを与えている。チャールズ皇太子が愛飲することでも知られている。

DATA

所有者	ビーム サントリー社
創業年	1815年
蒸溜器	ストレートネック型、ランタン型
所在地	Port Ellen,Islay
	http://www.laphroaig.com/
問合せ先	サントリーホールディングス（株）

LINE UP

ラフロイグ セレクト………700mℓ・40度、4,000円

TASTING NOTE

ラフロイグ10年

750mℓ・43度・5,600円

色	薄い琥珀色。少しオレンジっぽい。
アロマ	薬品。コーヒーのような苦い香りも。レモン。若干豆乳やバター。
フレーバー	ピーティだが甘い。マスカットやマンゴー。豆乳っぽさ。ナッツ。
全体の印象	ヨード香に隠れているが、フルーツの甘味がかなり感じられる。

ARRAN

アラン

アラン島に復活した蒸溜所のスイートでまろやかな味わい

1993年に設立されたスコットランドでも新しい蒸溜所のひとつが、アイル・オブ・アランだ。キンタイア半島の右手に浮かぶアラン島は、スコットランドでももっとも美しい島の一つといわれている。創業者は、シーバス・ブラザーズ社で社長を務めたハロルド・カリー氏だ。アラン島は最盛期には50以上の蒸溜所が操業し、〝アラン・ウォーター〟と称される最良のウイスキーがつくられた土地。だが1837年に最後の蒸溜所が閉鎖されて以降一切つくられておらず、それを約160年ぶりに復活させたのだ。ロッホ・ナ・ダビー湖を源泉とし、花こう岩とピート層を抜けてくる、まろやかで独特の風味を持つ仕込み水に、ノンピートの麦芽を使用。小型の蒸溜器で少しずつゆっくり丁寧に蒸溜されている。麦芽の自然な甘さと香ばしさがあり、フレッシュでなめらか。様々なウッドフィニッシュも魅力的だ。

TASTING NOTE

アランモルト10年

700mℓ・46度・4,792円(参考)

色	イエローゴールドの麦。
アロマ	甘い香り、蜂蜜。ツツジのような蜜のある花の香り。キウイ、ココアパウダー。
フレーバー	軽く、やわらかで甘い。バニラ。飲み込むとスーッと消えていく。
全体の印象	とてもスイートな印象。後味に少し木くず。グラスの残香はあんこのよう。

DATA

所有者	アイル・オブ・アラン・ディスティラーズ社
創業年	1993年
蒸溜器	ストレートネック型
所在地	Lochranza,Isle of Arran
	http://www.arranwhisky.com/
問合せ先	(株)ウィスク・イー

LINE UP

アランモルト18年 ……700mℓ・46度・11,120円(参考)

ハイランドパーク

最北の蒸溜所が生み出す あらゆる要素が詰った逸品

スコットランドの北端に浮かぶ大小70余りの島々からなるオークニー諸島。北緯59度、その中心、メインランドのカークウォールに1798年に建てられた蒸溜所がハイランドパークだ。設立者はその地にあった教会の長老でマグナス・ユンソンという密造者。重税から逃れるべく、彼は説教壇の下にウイスキーを隠していたという伝説がある。多くの評論家から称賛されるこのモルトは、ピートのスモーキーさとヘザーや蜂蜜を思わせる甘い香りが印象的で、複雑で豊かなフレーバーを持つ。まろやかでスムーズ、余韻も長い。ここでは今も麦芽の20%がフロアモルティングで仕込まれ、この地に特有のヘザーが香るピートを焚き込まれる。仕込みに使われる沸き水は、ミネラルを多く含んだ硬水だ。島には強い潮風も吹き込んでいる。そうした中で、こうした個性がつくり上げられている。

DATA

所有者	エドリントングループ
創業年	1798年
蒸溜器	ストレートネック型（タマネギ型）
所在地	Kirkwall,Orkney
	http://www.highlandpark.co.uk/
問合せ先	レミー コアントロー ジャパン（株）

LINE UP

ハイランドパーク18年 ヴァイキング・プライド
……………………………700mℓ・43度・15,000円

ハイランドパーク25年 ……700mℓ・45.7度・46,000円

ハイランドパーク40年 ……700mℓ・48.3度・47,000円

ハイランドパーク ダーク・オリジンズ
……………………………700mℓ・46.8度・9,000円

TASTING NOTE

ハイランドパーク12年 ヴァイキング・オナー

700mℓ・40度・4,200円

色	きれいな琥珀色。
アロマ	レーズンサンド、ミルクチョコレートのような濃厚な香り。少し土臭い。
フレーバー	トロリと口に広がる。わずかに塩っぽさ。炭酸の抜けたサイダー、ちょっと鉄っぽさ。
全体の印象	全体的に濃厚で、香りも味もぐんぐん押されるようなパワーがある。

TASTING NOTE

スキャパ スキレン	
700mℓ・40度・6,400円	
（14年）	
色	濃いゴールド。
アロマ	ラムネ菓子、青りんごガムのようなファンシーな甘い香り。
フレーバー	パンケーキのよう。甘く、適度にまったり。後味に麦。クリームの香りが鼻に抜ける。
全体の印象	味は香りほど甘くない印象で、少しギャップがある。塩気とスパイシーさ。

SCAPA

スキャパ

バニラや花のような香りと潮風 ライトにして複雑な香りが魅力的

蒸溜所は、ハイランドパークと同じく、北海に浮かぶオークニー諸島最大の島、メインランドに位置し、島の南、スキャパ海峡に面して建っている。スキャパとはヴァイキングの言葉で「牡蠣床」を意味するという。創業は1885年だ。バニラや花の蜜を思わせる芳香があり、ライトでなめらか。スパイシーさや微かに潮の香りも走る、複雑で、後を引く個性的なモルトだ。仕込み水はリングロ・バーンという小川の上流の泉から引かれるが、かなりピートが濃い。一方で麦芽にはまったくピートを焚いていない。初溜釜は〝ローモンド・スチル〟と呼ばれるもので、ずんぐりした円筒形をしている。それによってとろりとしたオイリーな蒸溜液が得られるという。貯蔵にはバーボン樽のみが使用される。バランタインの原酒の一つで、すべてがブレンド用に回されていたが、1997年以降オフィシャルがリリースされた。

DATA

所有者	シーバス・ブラザーズ社
創業年	1885年
蒸溜器	ローモンド型、ストレートヘッド型
所在地	Kirkwall,Orkney
	http://www.scapawhisky.com/
問合せ先	サントリーホールディングス(株)

LINE UP

国内取扱いオフィシャルボトルは、スキレンのみ。

TALISKER

タリスカー

荒々しい海と自然を連想させる リッチで力強く、爆発的な味わい

スカイ島は雄大な景観を誇るヘブリディーズ諸島最大の島だ。タリスカーは、ゴツゴツした岩が多いその西岸、ハーポート湾に位置する同島唯一の蒸溜所だ。その荒々しく力強い自然を映し出すかのように、そのモルトは、パワフルで海岸的、爆発的ともいわれる特徴を持っている。スモーキーさの中に潮の香り。口に含むと、リッチな甘さのあとに、ホットな胡椒のような味が広がり、とても複雑でフルボディ。暖かく力強い余韻も長く続く。仕込み水には背後のホーク・ヒルに湧く14の地下水源が使われ、ミネラルとピートが豊かなこの水が、力強く暖かい感じのフレーバーに影響しているという。U字型に折れ曲がり、蒸溜液の一部をスチルに戻すパイプがつながる独特の形のラインアームを持つ初溜釜と、昔ながらのワームタブ（冷却装置）も特徴的。これがパワフルでコクのある風味を生んでいるという。

DATA

所有者	ディアジオ社
創業年	1830年
蒸溜器	ボール型、ストレートネック型
所在地	Carbost,Isle of Skye
	http://www.malts.com/
問合せ先	MHD モエ ヘネシー ディアジオ（株）

LINE UP

タリスカー ストーム	700mℓ・45.8度・5,800円
タリスカー ポートリー	700mℓ・45.8度・8,950円
タリスカー 57ノース	700mℓ・57度・10,300円
タリスカー 18年	700mℓ・45.8度・14,200円

ほか、25年、30年もあり

TASTING NOTE

タリスカー10年	
700mℓ・45.8度・5,050円	
色	赤みがかったゴールド。
アロマ	海の潮。蓮根、フキ、土の匂い。オレンジ。
フレーバー	ピーティでスパイシー。ペッパー。飲み込む直前から甘さが広がる。
全体の印象	潮の香りに隠れているが、甘い。フィニッシュにも甘さが続く。

CLYNELISH

クライヌリッシュ

海岸とハイランドの気質を持つ
スパイシーでコクのある1本

スコットランド本土の北端に向かって伸びる海岸沿い、インヴァネスとウィックの間に位置し、北海を望む村ブローラに、クライヌリッシュ蒸溜所はある。創設は1819年で、サザーランド公爵が領地の農民の穀物を使うことを目的に建てたのが始まりだ。その後、1967年に生産を拡大し、新しい設備を備えた蒸溜所を隣に建設。これが現在のクライヌリッシュ蒸溜所である（古い方はブローラと改名され1983年に閉鎖。P164参照）。オイリーでしっかりした酒質の中に、海の潮っぽさとスパイシーさを感じさせ、と同時に、花や果実を感じさせる芳香を秘め、やわらかで複雑。ハイランドと海岸の味わい、2つを合わせ持つといわれ、熱烈なファンも多いシングルモルトだ。仕込み水は変わらにずクライミルトン川から引かれ、麦芽にピートは焚かれていない。ジョニー・ウォーカーの原酒の一つでもある。

TASTING NOTE

クライヌリッシュ14年

700mℓ・46度・6,600円

色	赤みがかったゴールド。
アロマ	洋梨、サクランボ、蜂蜜。すっきりした甘さ。木材とワックス。
フレーバー	舌にピリッとくる辛口。軽い潮気。紅茶のような後味。
全体の印象	時間が経つと甘味が強くなる。バニラクリームとフルーツのフィニッシュ。

DATA

所有者	ディアジオ社
創業年	1819年（1967年）
蒸溜器	ボール型
所在地	Brora,Sutherland
	http://www.malts.com/
問合せ先	MHD モエ ヘネシー ディアジオ（株）

LINE UP

国内取扱いオフィシャルボトルは、14年のみ。

DALMORE

ダルモア

メローでコクのある深い風味
シガーとの相性もいい食後酒

ダルモア蒸溜所のあるアルネスは、クロマティ湾に望み、野性味ある自然に満ちた美しい場所だ。ここはまた大麦の大生産地帯でもある。ボトルのエンブレムの牡鹿は、1874年から80年以上にわたってオーナーだったマッケンジー家のもの。昔、傷ついた牡鹿の襲撃からスコットランド王、アレクサンダー三世を救ったことで、一族の勇気を称えて与えられたといわれている。そのモルトは、リッチでコクがあり、微かにスモーキー。ほのかに甘いオレンジのような風味が漂い、絶好の食後酒。シガー愛好家にも好まれている。蒸溜所では、ポットスチルの形状が独特。特に再溜釜はネックの周りに銅製の冷却用ジャケットが被せられ、蒸溜液の還流がより促されている。熟成はバーボン樽が主だが、いずれもシェリー樽でマリッジされる。極上のハバナ葉巻に合うように熟成モルトでつくられた「シガーモルト」も人気がある。

DATA

所有者	ホワイト&マッカイ社
創業年	1839年
蒸溜器	ランタンネック型、ボール型
所在地	Alness,Ross-shire
	http://www.thedalmore.com/
問合せ先	(株)やまや

LINE UP

ダルモア15年	750mℓ・43度・7,980円
ダルモア18年	750mℓ・43度・13,800円
ダルモア シガーモルト リザーブ	750mℓ・43度・11,800円
ダルモア25年	750mℓ・43度・128,000円

TASTING NOTE

ダルモア12年

750mℓ・43度・4,980円

色	琥珀色。
アロマ	辛口白ワインのような少し苦味走った香り。マスカット。レモン果汁。
フレーバー	オレンジゼリー。種なしぶどう。らくがんのような甘さ。酸味の強いコーヒー。
全体の印象	しっかりして濃い味わい。香り、味、フィニッシュともぶどうの味わいがある。グラスの残香にはチーズっぽさも。

GLENMORANGIE

グレンモーレンジィ

華やかで、花や柑橘類を思わせるスコットランドの人気モルト

インヴァネスから北へ向かった海岸沿い、ハイランド北部、テインの町に1843年に創立。グレンモーレンジィは、ゲール語で「大いなる静穏の渓谷」の意味だ。軽く華やかで、花や柑橘類を思わせる香り、クリーンで繊細な味わいは傑出していて、スコットランドでも一、二を争う人気モルトだ。すべてをシングルモルトとして出荷し、ブレンド用には供給していない。仕込み水はターロギーの泉の湧き水。石炭岩と砂岩層を通り抜け、ウイスキーでは珍しいミネラルも豊富な硬水だ。ポットスチルはスコットランドで一番背が高く、ピュアな酒質を生む。熟成はすべてバーボン樽。そのためにアメリカのミズーリ州で自ら原木を買って製樽し、バーボン業者に貸し付けている。さまざまなウッド・フィニッシュでも有名だ。

TASTING NOTE

グレンモーレンジィ オリジナル

700mℓ・40度・5,300円

（10年）

色	きれいなゴールド。
アロマ	フレッシュなフルーツ。バタースコッチと花。日なたの匂い。
フレーバー	クリーミーで終始南国フルーツのよう。花の蜜。シナモンクッキー。スムース。
全体の印象	香り、味、フィニッシュどれも魅力的で、上品で優雅な印象。

DATA

所有者	グレンモーレンジィ社
創業年	1843年
蒸溜器	ボール型（スワンネック）
所在地	Tain,Ross-shire
	http://www.glenmorangie.com/
問合せ先	MHD モエ ヘネシーディアジオ（株）

LINE UP

グレンモーレンジィ ラサンタ12年
……………………700mℓ・43度・5,500円
グレンモーレンジィ キンタ・ルバン12年
……………………750mℓ・46度・6,500円
グレンモーレンジィ ネクター・ドール12年
……………………700mℓ・46度・8,000円
グレンモーレンジィ18年 ……700mℓ・43度・12,000円
グレンモーレンジィ シグネット‥700mℓ・46度・18,000円

OLD PULTENEY

オールド・プルトニー

複雑でヘビー、オイリーな味わいは北の地を思わせる海の男の酒

プルトニー蒸溜所は、スコットランド本土の北部、北海に面した港町のウィックにある。創設は1826年。世の中がニシン漁景気に沸く中、新しくその主要な基地として街が建設され、それとともに建てられた。当時蒸溜所の人間の多くは漁師でもあり、活況の中、多くの海の男たちに愛されてきた酒だ。ラベルに描かれた19世紀のニシン漁船はその象徴ともいえるものだ。ゴツゴツした岩場や強烈な海風の吹くこの地に似つかわしく、このモルトは独特の海のアロマや潮っぽさを感じさせる。ナッティでフルーティさもあり、複雑で濃い味わいが印象的だ。初溜釜はひょうたん型をしてラインアームがT字型につながっているユニークな形で、再溜釜には精溜器がつけられていて、それがこうした味わいを生むのだともいう。麦芽にはピートが焚かれず、主にバーボン樽で、加えて少数のシェリー樽で熟成されている。

DATA

所有者	インバーハウス・ディスティラーズ社
創業年	1826年
蒸溜器	ボール型(ひょうたん型)
所在地	Wick,Caithness
	http://www.oldpulteney.com/
問合せ先	三陽物産(株)

LINE UP

オールドプルトニー17年	700mℓ・46度・13,000円
オールドプルトニー25年	700mℓ・46度・70,000円

TASTING NOTE

オールド・プルトニー12年	
700mℓ・40度・5,000円	
色	深い琥珀色。赤身がかった金色。
アロマ	青リンゴ。トフィー。スパイシーさとともに微かな海の香りが感じられる。
フレーバー	スムースなマウスフィール。ハチミツとクリームの香りにほのかな塩気。ミディアムボディで穏やかな余韻が長く続く。
全体の印象	ほのかなバニラ、花の香りと微かに残る潮風。バランスのとれたしっかりした味わい。

TASTING NOTE

アードモア レガシー	
700mℓ・40度・3000円	
色	明るい琥珀色。
アロマ	バニラやキャラメル、シナモン、蜂蜜。繊細なピート香。
フレーバー	クリーミーなバニラとドライなピートのタッチ。ベリーやスパイスの印象も。
全体の印象	甘い香り、おおらかな香味にライトで爽やかなスモーキーさ。ドライで心地いい余韻。

THE ARDMORE

アードモア

心地いいスモーキーさが魅力のティーチャーズのキーモルト

創業は1898年。アバディーンシャーのボギー川の東側、牧歌的な丘陵地の中にある。周辺は大麦の産地であり、ピートや清冽な水の供給も容易な地勢にある。蒸溜所は、ブレンディッドの「ティーチャーズ」にモルトを供給するために建設され、現在もそのキーモルト。流通の少ないシングルモルトはかつてはカルト的存在だった。麦芽には、ピーテッドとノンピーテッドの両方を使用。地元産の大麦を使用した、ハイランドらしい甘くおおらかな味わいに、ピーティな麦芽が繊細なピート香や柔らかなスモーキーさ、洗練されたライトな感覚を与えている。使用するピートも地元セントファーガスから切り出したものだ。代表的モルト「レガシー」には、80%のピーテッドと20%のノンピーテッド麦芽が使用されている。ラベルには蒸溜所の守り神である鷲が悠々と空を舞う姿が描かれている。

DATA

所有者	ビーム サントリー社
創業年	1898年
蒸溜器	ストレートヘッド型
所在地	Kennethmont,Aberdeenshire
	http://www.ardmorewhisky.com/
問合せ先	サントリーホールディングス(株)

LINE UP

国内取扱いオフィシャルボトルは、レガシーのみ。

GLENDRONACH

グレンドロナック

伝統の製法と技にこだわり
素朴でスイートな味わい

スペイサイドの東端、デヴェロン川流域のハントリーからさらに東へ向かうと、周囲を広々とした麦畑や牧場、ヒースに覆われた丘陵に囲まれたほのぼのした風景の中に蒸溜所はある。グレンドロナックはゲール語で「黒イチゴの谷」という意味。創業は1826年。小さな石造りの蒸溜所は、佇まいも製法も昔ながらであることで知られている。しばらく前まで、ポットスチルはスコットランドで唯一、石炭による直火焚きで、火勢を調整してじっくりと蒸溜。一部だがフロアモルティングも行われ、キルンでピートを焚き込まれていた。2005年にスチルは、スチームによる間接焚きになり、麦芽は注文したノンピートに変わった。ただし、年代物のオレゴン松製発酵桶や、その他の製法まで変わったわけではない。その味わいは、素朴でやさしく、甘い口当たり。フルーティでドライな麦芽風味。ハイランドのクラシックな魅力が詰まっている。

DATA

所有者	ベンリアック・ディスティラリー社
創業年	1826年
蒸溜器	ボール型
所在地	Forgue,near Huntly,Aberdeenshire
	http://www.glendronach.distillery.co.uk
問合せ先	アサヒビール(株)

LINE UP

グレンドロナック18年……700mℓ・46度・13,080円

グレンドロナック21年……700mℓ・48度・17,470円

TASTING NOTE

グレンドロナック12年	
700mℓ・43度・5,770円	
色	赤みがかった琥珀色。
アロマ	バニラ、風邪シロップ。シェリー香。
フレーバー	シェリーっぽさ。クリームパン。少し酸味。ホワイトペッパーのようなスパイスが舌に残る。
全体の印象	ドライでキレがいい。甘そうな色合いや香りの割りにはすっきりした後味。

ROYAL LOCHNAGAR

ロイヤル・ロッホナガー

ヴィクトリア女王も愛飲した リッチでスムースなウイスキー

　アバディーンから少し内陸部に入った、ディー川上流域のロッホナガー山の麓にある蒸溜所は、小さくて、伝統的な美しい外観を持ち続けている。1826年に最初に設立されたが焼失し、1845年にジョン・ベグによって再設立された。その3年後、王室一家が別荘としてすぐ近くのバルモラル城を入手した。そこでベグが「試飲にいらっしゃいませんか」と招待状を送ると、その翌日、突然アルバート公とヴィクトリア女王が訪れたという。女王夫妻は大いに気に入り、まもなく「王室御用達」の勅許状が届いた。以降、ロイヤルの名を冠して呼ばれることになったのだ。そのモルトは、微かにピート焚きされた麦芽を使い、75～120時間と長時間かけて発酵され、蒸溜液の冷却にはウォームタブが使われている。それによって生み出されるのは、ボディは厚く、スムースでフルーティ。麦芽の甘さ、果実の酸味、スパイシーさも伴う、複雑で洗練された味わいだ。

TASTING NOTE

ロイヤル・ロッホナガー12年	
700mℓ・40度・3,770円	
色	ゴールド
アロマ	サイダーっぽく爽快感のある香り。木の香り。
フレーバー	サラサラしてすっきり、スムース。蜂蜜、チョコレート、麦芽の風味。
全体の印象	加水すると少しミントのようなスーッとした感じ。少しドライ。

DATA

所有者	ディアジオ社
創業年	1845年
蒸溜器	ストレートネック型
所在地	Crathie,Ballater,Aberdeenshire
	http://www.malts.com/
問合せ先	キリンビール(株)

EDRADOUR

エドラダワー

もっとも小さい蒸溜所から
つくり出される手づくりモルト

エドラダワー蒸溜所はパース州のリゾート地ピトロッホリー近くの小さな村の谷間にある。1825年に、地元の農夫たちによって共同で設立されたという、スコットランドでも一番小さな蒸溜所だ。創業当時から、動力が水車から電気に変わった以外設備も製法もほとんどそのままで、その時代の、農場につくられた蒸溜所の様子がとてもよくわかる。スチルハウスは小さな部屋という趣で、ポットスチルは初溜と再溜の一対だけ、再溜釜は2mにも満たない。生産量は1週間にわずか12樽だけだ。きれいなビジターセンターも備えた蒸溜所は訪問者にも人気だ。そのモルトは、スムースでクリーミーな口当り。蜂蜜やミント、微かにスモーキーさもあってナッティな味わい。2002年からはボトラーズのシグナトリー社がオーナーとなり、いくつものウッドフィニッシュをはじめ、個性的なボトリングにも注目だ。

DATA

所有者	シグナトリー社
創業年	1825年
蒸溜器	ストレートヘッド型、ボール型
所在地	Pitlochry,Perthshire
	http://www.edradour.com/
問合せ先	ボニリ ジャパン(株)

LINE UP

エドラダワー バレッヒエン キュヴェ8年	
	……………………700mℓ・46度・10,490円
エドラダワー フェアリー フラッグ15年	
	……………………500mℓ・46度・14,200円
エドラダワー バレッヒエン ボルドーカスク・	
マチュアード2005年	……500mℓ・60度・11,810円

ほか

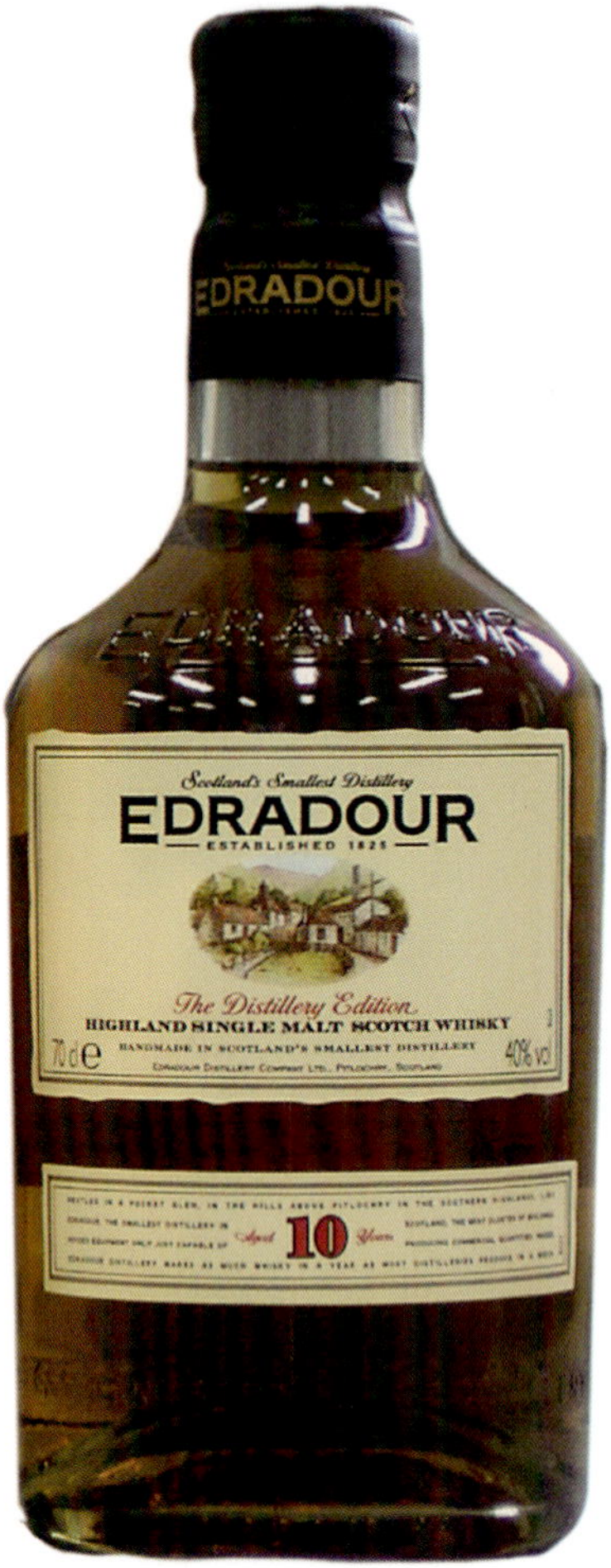

TASTING NOTE

エドラダワー10年

700mℓ・40度・7,300円

色	赤みが強い、濃い紅茶。
アロマ	バームクーヘンのような甘い匂い。
フレーバー	バタークリーム。少し乳臭さ。クレヨン、蚊取りマット。
全体の印象	濃厚で、ナッティ。

TASTING NOTE

グレンゴイン10年	
700mℓ・40度・9,300円	
色	琥珀色。
アロマ	花の蜜のような香り。シナモン。ほんの少しハーブ。カシューナッツ。
フレーバー	蜂蜜、少しメンソール、バニラ。正統派のおいしいモルト。苦くなく、女性にもオススメ。
全体の印象	ピートを焚かないためやさしい印象だが、コクがある。飽きずにずっと飲めそう。

GLENGOYNE

グレンゴイン

ノンピートのクリーンなモルトは ソフトで日本料理にもよく合う

森に囲まれたダムゴイン丘の麓にある蒸溜所は、景観も美しく、敷地の奥には丘から流れ出る小川がみごとな滝となって落ちている。名前のグレンゴインはゲール語で「雁の谷」という意味だ。ここはグラスゴーから20kmほどで、ちょうどハイランドとローランドの境界線上に位置する。かつてはローランドの特徴ともいえる3回蒸溜をしていたこともある。グレンゴインでは、原料にスコットランド産のゴーデンプロミス種の大麦を使い、麦芽にまったくピートを焚き込んでいないのが特徴だ。そのため麦芽本来の風味がストレートに出て、すっきりとしてまろやか。クリーンなテイストは日本料理などともよく合う。シェリーとリフィルの樽で熟成され、デリケートな中に微かにナッツやシェリーも感じられる。2003年にボトラーズのイアン・マクロード社がオーナーとなり、より意欲的なリリースを始めている。

DATA

所有者	イアン・マクロード・ディスティラーズ社
創業年	1833年
蒸溜器	ボール型
所在地	Dumgoyne,Stirlingshire
	http://www.glengoyne.com/
問合せ先	アサヒビール(株)

LINE UP

グレンゴイン21年 …………700mℓ・43度・21,990円

OBAN

オーバン

ハイランドとアイランズが重なり バランスよく芳醇な一杯

オーバンはゲール語で「小さな湾」という意味で、古くから良港として知られ、現在もヘブリディーズ諸島への玄関口となる西ハイランドの中心地。蒸溜所としては珍しく、人々で賑わう街の中心で操業している。設立は1794年、地元の企業家スチーブンソン兄弟によって立ち上げられた。蒸溜所は1890年代に改修工事が行われているが、以後ほとんど姿を変えずに現在に至っている。蒸溜所の規模は小さく、「スマ・スチル」（小さな蒸溜器）と呼ばれるランタン型の蒸溜器も変わっていない。こうした立地条件とポットスチルによって生まれるオーバンの酒質は、ハイランドのおだやかな風味の中に、アイランズらしい性格を合わせ持つのが特徴。控えめではあるが、芳醇で甘い味わいがあり、フレッシュなピート香と海のタッチがアクセント。ほっとできる一杯だ。

DATA

所有者	ディアジオ社
創業年	1794年
蒸溜器	ランタンヘッド型
所在地	Oban,Argyll
	http://www.malts.com/
問合せ先	MHD モエ ヘネシー ディアジオ（株）

TASTING NOTE

オーバン14年

700mℓ・43度・8,300円

色	濃いゴールド。
アロマ	りんごの皮、メープルシロップ、麦の香り。やさしい感じ。
フレーバー	軽やか。熟れてないパイナップル。少し胡椒のよう。軽い塩気が最後まで残る。
全体の印象	香りも味も甘さはずっと続き、好ましい。やさしいフルーツの香りと麦、甘さのバランスがとてもいい。

BEN NEVIS

ベン・ネヴィス

スコットランド最高峰の麓で ニッカがつくっているモルト

1825年創業のベン・ネヴィスは、西ハイランド、フォート・ウィリアム地区では最古の公認蒸溜所だ。ベン・ネヴィスは背後にそびえるスコットランド最高峰の名前で、ゲール語で「山の水」を意味する。創業者は後にブレンディッドのブランド名ともなった〝ロング・ジョン〟ことジョン・マクドナルド。1955年にはグレーン・ウイスキーをつくるためにコフィー・スチルが導入され、ブレンディッドもつくられている。何度かオーナーが変わり、1986年からは操業停止となっていたが、1989年にニッカウヰスキーが買収し、翌年生産を再開させた。仕込み水は山頂近くの湖から流れるオルト・ナ・ヴーリン川の冷たく、美しい水。ヒースの咲く山の間を流れ下った水は、モルトに微かにその香りや蜂蜜のような甘さを与えている。やや癖のあるマーマレードのような香り、軽いビターテイストも感じられ、個性的な味わいが面白い。

TASTING NOTE

ベン・ネヴィス シングルモルト10年

700mℓ・43度・4,990円

色	きれいなゴールド。
アロマ	青りんご。土臭さ。小麦粉っぽい。
フレーバー	バニラ。南国フルーツ、マスカットなど、たくさんのフルーツ、フルーツケーキ。
全体の印象	熟成庫の中のような香り。木の匂い、甘いウイスキーの香り、上品でエレガント。

DATA

所有者	ベン・ネヴィス・ディスティラリー社
創業年	1825年
蒸溜器	ストレートネック型
所在地	Fort William,Inverness-shire
	http://www.bennevisdistillery.com/
問合せ先	アサヒビール(株)

アベラワー

フランスで一番人気のモルトは
甘く豊かな香りで、絶妙なバランス

スペイサイドのほぼ中央、ラワー川沿いに建つヴィクトリア朝の美しい建物が、アベラワー蒸溜所。名前はゲール語で「せせらぐ小川の川口」を意味する。密造所時代の1826年に操業が開始されたが、公式の創業年は1879年。現在の建物は1898年の火災後にチャールズ・ドイグのデザインのもと再建されたものだ。原料にはスコットランド産の大麦だけを使用し、ベンリネス山の山腹から湧き出す泉から引いたピュアな水で仕込まれる。熟成にはシェリー樽とバーボン樽の両方がバランスよく使われ、独自のテイストを生み出している。ラムレーズンやバニラのような芳醇な香りがあり、なめらかでリッチな味わいは、スペイサイドモルトらしい逸品として評価が高い。1974年以降、ペルノ・リカール社傘下。フランスで人気が高いモルトでもあり、また、国際ワイン&スピリッツ大会で何度も金賞受賞に輝く実力派だ。

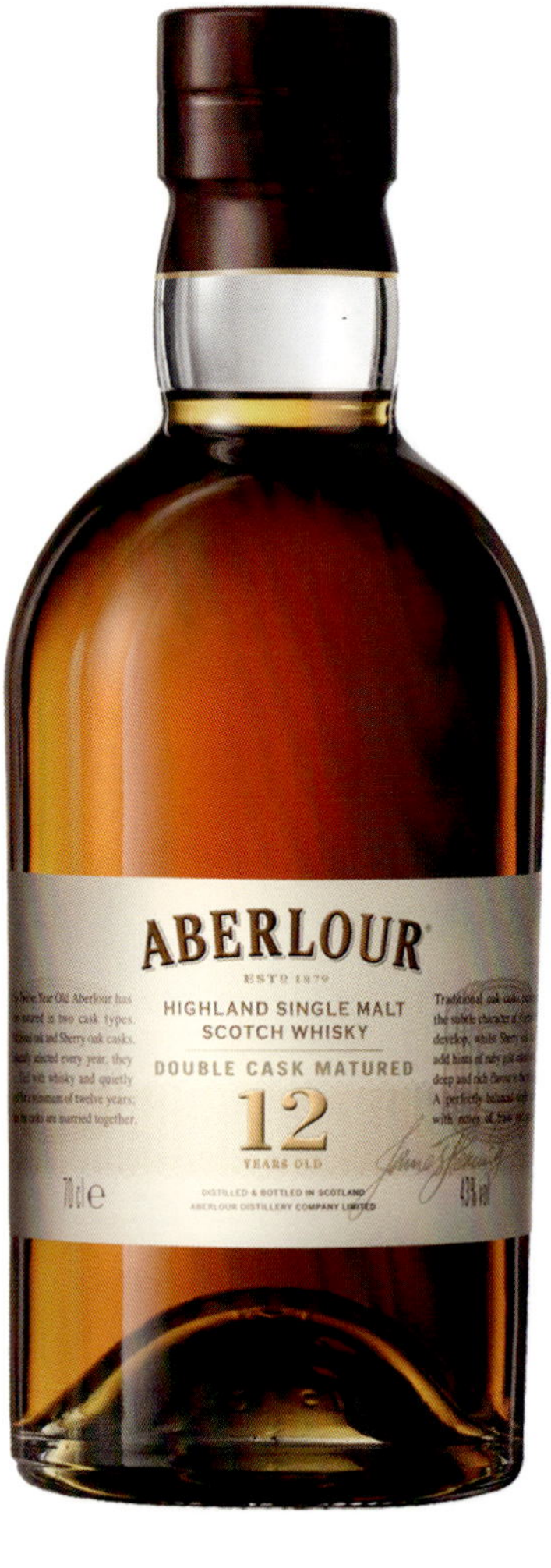

DATA

所有者	シーバス・ブラザース社
創業年	1826年(1879年)
蒸溜器	オニオン型
所在地	Aberlour,Banffshire
	http://www.aberlour.com/
問合せ先	ペルノ・リカール・ジャパン(株)

LINE UP

アベラワー16年 ダブル・カスクマチュアード ……………………700mℓ・40度・8,250円

アベラワー18年 ダブル・カスクマチュアード ……………………700mℓ・43度・12,200円

アベラワー アブーナ …700mℓ・約60度・10,000円

TASTING NOTE

アベラワー12年 ダブル・カスクマチュアード

700mℓ・40度・5,500円

色	ダージリンティ。
アロマ	軽いバニラ、ラムレーズン。少しシェリー樽由来のオイリーさ。
フレーバー	舌ざわりがやわらかく、心地よい熟成感。リッチな印象。
全体の印象	バニラエッセンスのような快さが続く。安心して飲めるモルト。

TASTING NOTE

バルヴェニー 12年ダブルウッド

700mℓ・40度・5,500円

色	赤みをおびた琥珀色。
アロマ	洋梨やりんご。軽くテーブル胡椒のようなスパイシーさ。少し時間が経つと茹でたグリーンアスパラ。
フレーバー	アメリカンチェリー。上等なウーロン茶。
全体の印象	甘さとスパイシーさのバランスがよく、飽きずに飲める。フィニッシュはドライ。

BALVENIE

バルヴェニー

グレンフィディックの兄弟にして個性の違う濃厚でリッチなモルト

ザ・バルヴェニーは、スペイサイドの中でも7つの蒸溜所が集まる、ウイスキーの町として有名なダフタウンにあり、グレンフィディックの姉妹蒸溜所だ。創業者ウィリアム・グラントがグレンフィディックを立ち上げたのが1887年、その5年後に建設された。敷地は隣接するが、水源は異なり、コンヴァル丘陵の数十の泉から引かれた水は少し硬度が高い。実際、酒質もまったく違い、グレンフィディックが軽くてフレッシュだとすれば、バルヴェニーは重厚でリッチなモルト。美しい金色に輝き、蜂蜜やオレンジの濃厚な風味を持っている。麦芽の一部はフロアモルティングされたライトピーテッド麦芽。熟成樽にもこだわり、バーボン樽を主体にしつつもさまざまな樽を活用。バーボン樽で貯蔵後、シェリー樽に詰め替え熟成した「12年ダブルウッド」など多彩な個性を引き出している。

DATA

所有者	ウィリアム・グラント&サンズ社
創業年	1892年
蒸溜器	ボール型
所在地	Dufftown,Banffshire
	http://www.thebalvenie.com/
問合せ先	サントリーホールディングス(株)

LINE UP

バルヴェニー 14年 カリビアンカスク
…………………………700mℓ・43度・9,000円

バルヴェニー 17年 ダブルウッド
…………………………700mℓ・43度・18,000円

バルヴェニー 21年 ポートウッド
…………………………700mℓ・40度・35,000円

CARDHU

カーデュ

華やいだまろやかさが心地いい ジョニー・ウォーカーの原酒モルト

カーデュとはゲール語で「黒い岩」という意味。蒸溜所はスペイ川中流域のマノックヒルの丘に位置している。1811年、地元の農夫ジョン・カミングが妻とともにつくり始めた密造酒が始まり。その後1824年に公認蒸溜所として正式にスタートした。その歴史では2度にわたって女性が活躍している。徴税官が来ると赤い旗を上げて近隣の密造仲間に知らせたというカミングの妻ヘレン。もう1人はカミングの死後経営を受け継いだ息子の妻エリザベス。彼女の大奮闘でカーデュは大いに評判を高め、1893年、ジョン・ウォーカー＆サンズ社が買収。以降今日までジョニー・ウォーカーのメイン原酒となっている。熟成はバーボン樽のみ。ライトでスムース。甘く、繊細で華やかな香りがあり、ややドライなフィニッシュ。とても飲みやすく、スペインを始め世界中で人気を集めていて、近年市場では少し不足気味だ。

DATA

所有者	ディアジオ社
創業年	1824年(1811年)
蒸溜器	ストレートヘッド型
所在地	Knockando,Morayshire
	http://www.malts.com/
問合せ先	日本酒類販売(株)

LINE UP

カーデュ 18年 ………………700mℓ・40度・9,240円

TASTING NOTE

カーデュ12年

700mℓ・40度・6,000円

色	少し薄めのゴールド。
アロマ	梨やりんご、少し経つといちごジャム。少し酸味。フルーツ香がたくさん。爽やか。
フレーバー	りんご。バニラとソルト。だんだんドライな感じに。麦。
全体の印象	甘いだけではなく、味はグングン広がる。加水すると少し甘味が増す。

TASTING NOTE

クラガンモア12年	
700mℓ・40度・4,400円	
色	イエローゴールド(かなり薄い)。
アロマ	軽く柑橘系のフルーツ、酸味、プラム。軽いメンソール。やや苦味のある樽香。
フレーバー	やさしい。次第に甘さが増していく。デニッシュパン。やや粉っぽさ。
全体の印象	最初から最後までソフトで飲みやすいという印象が続く。

CRAGGANMORE

クラガンモア

複雑でスイートな味わいに スペイサイドの魅力が詰まった1本

蒸溜所はスペイ川中流のバリンダルロッホに隠れるようにして建ち、小さく美しい。クラガンモアはゲール語で「大きな岩」という意味だ。1869年、36歳にしてすでにマッカランやグレンリベットなどの蒸溜所長を歴任していたジョン・スミスが創業。自らの理想の蒸溜所建設を目指し、この地を選んだわけは、まず付近に清冽で豊富な水が湧き出ること。さらに新しい鉄道に近かったことで、彼は蒸溜所に線を引き込み、これがその後の発展に大いに寄与する。彼が考案したという上部が平らで、T字型のラインアームを持った再溜釜も見逃せない。これが蒸溜液の還流を促し、クラガンモアの香り高く繊細な味わいを生むという。数あるスペイサイドモルトの中でももっともスイートで複雑といわれ、さまざまなフレーバーが詰まっている。ディアジオ社がクラッシック・モルト・シリーズの1本として、スペイサイドを代表させているモルトでもある。

DATA

所有者	ディアジオ社
創業年	1869年
蒸溜器	ランタン型、ボール型(T字シェイプ)
所在地	Ballindalloch,Banffshire
	http://www.malts.com/
問合せ先	MHD モエ ヘネシー ディアジオ(株)

グレンファークラス

シェリー樽熟成のフルボディ リッチで濃厚な伝統の味わい

ゲール語で「緑の草原の谷」という名の通り、蒸溜所の背後にはベンリネス山に向かってヒースの丘が広がっている。グレンファークラスに欠かせない仕込み水は、そこから湧き出て流れ下る川から引かれるピュアな水だ。蒸溜所は1836年に創業され、今や数少ない一族による独立経営。伝統的な数々のこだわりを受け継いで、つねに評価の高い味わいを生み続けている。スペイサイドで最大級のポットスチルを使い、今もガスバーナーによる直火焚きで蒸溜。さらにオロロソのシェリー酒を空けた良質な樽にこだわってじっくり熟成される。そうして生まれるモルトはリッチでフルボディ。濃厚な香味の中に、ドライフルーツやピートフレーバー、トロリとした舌ざわり。シェリーの風味も豊かで、心地よく長いフィニッシュが続く。

DATA

所有者	J&G・グラント社
創業年	1836年
蒸溜器	ボール型
所在地	Ballindalloch,Banffshire
	http://www.glenfarclas.co.uk/
問合せ先	ミリオン商事(株)

LINE UP

グレンファークラス10年	700mℓ・40度・5,000円
グレンファークラス12年	700mℓ・43度・6,000円
グレンファークラス17年	700mℓ・43度・10,000円
グレンファークラス21年	700mℓ・43度・15,000円
グレンファークラス25年	700mℓ・43度・25,000円
グレンファークラス40年	700mℓ・46度・70,000円
グレンファークラス105	700mℓ・60度・8,000円

TASTING NOTE

グレンファークラス15年

700mℓ・46度・8,500円

(10年)

色	ダージリンティ。
アロマ	モンブランケーキ、蜂蜜、桃、香りの強いフルーツ。
フレーバー	カスタードクリーム、マンゴー、少し木の渋味。適度な甘さ。少し時間が経つとコーヒーのよう。
全体の印象	シェリー樽の入門にマッカラン同様おすすめ。入りやすく、すっきりとおいしい。

GLENFIDDICH

グレンフィディック

シングルモルトの先駆けにして世界でもっとも飲まれているモルト

スペイサイドのダフタウン、ダラン川とフィディック川の合流する地に蒸溜所はある。グレンフィディックはゲール語で「鹿の谷」という意味だ。創業者のウィリアム・グラントはモートラック蒸溜所に20年間勤めた後、家族総出で力を合わせ、1887年、最初の蒸溜を実現した。以来、今も経営はグラント一族。売上げは世界のシェアの約12%で、世界で一番飲まれているシングルモルトだ。1963年、他に先駆けてシングルモルトを売り出したのも同社。当初は業界内で無謀と笑われたが、軽く、フレッシュで、クリーンなモルトは大いに受け、世界中で親しまれた。製法はいたって伝統的で、昔と変わらぬ小型のポットスチルを使い、直火焚きで丁寧に蒸溜する。蒸溜所内に瓶詰め設備を持つ数少ない蒸溜所で、一貫した工程すべてにこだわっている。

TASTING NOTE

グレフィディック12年 スペシャルリザーブ

700mℓ・40度・3,600円

色	薄く黄緑がかったゴールド。
アロマ	品のよい甘さのある香り。竹林、麦っぽさがけっこう出ている。
フレーバー	ミント、麦、軽くて飲みやすい。若々しいが未熟な感じではない。少し酸味。
全体の印象	麦や麦芽の味。よく噛むようにして飲み込むとそんな味わいがより鮮明に。

DATA

所有者	ウィリアム・グラント&サンズ社
創業年	1886年
蒸溜器	ストレートネック型、ボール型、ランタン型
所在地	Dufftown,Banffshire
	http://www.glenfiddich.com/
問合せ先	サントリーホールディングス(株)

LINE UP

グレンフィディック15年 ソレラリザーブ
……………………700mℓ・40度・6,000円

グレンフィディック18年 スモールバッジリザーブ
……………………700mℓ・40度・10,000円

グレンフィディック21年 グランレゼルヴァ
……………………700mℓ・40度・25,000円

グレン グラント

ライトでドライ、フルーティ
イタリアで人気絶大なモルト

グレン グラントは、シングルモルトとして常に世界の売上げトップ10に入り、特にイタリアでは人気が高い。蒸溜所は、1840年、ジェームズとジョンのグラント兄弟によって、スペイ川下流の町ローゼスで創業された。洗練されたウイスキーづくりを目指して改良が重ねられたというポットスチルは、ネックの下部がふくらんだ独特の形状で、ラインアームには精溜器がつけられている。そのため雑味や重い香味は環流され、ライトでクリーンな味わいがつくり出される。仕込み水は主にキャパドニックという泉から引かれたものだ。こうして生み出される味わいは、ピュアで柑橘系を思わせるフルーティさ。ナッティな風味と、ハーブを感じさせる爽快でドライな切れを持っている。また、グレン グラントは、シングルモルトとして世界に売り出された最初のものの一つであることもよく知られている。

DATA

所有者	カンパリ グループ社
創業年	1840年
蒸溜器	ボール型(変形型)
所在地	http://www.glengrant.com
問合せ先	アサヒビール(株)

LINE UP

グレン グラント10年	700mℓ・40度・3,140円
グレン グラント12年	700mℓ・43度・5,000円
グレン グラント18年	700mℓ・43度・15,000円

TASTING NOTE

グレン グラント ザ メジャー リザーブ

700mℓ・40度・2,340円

色	非常に薄い。レモン水。
アロマ	麦、コーンフレーク、ややハーブ。少し消毒液。モルティ。
フレーバー	軽くて爽やか、スイスイ飲める。食事にも合う。干物や、水割りにして寿司などとも。
全体の印象	長期熟成のシェリー樽ものは食後酒的だが、若いものはライトで飲み口がいい。

THE GLENLIVET

ザ・グレンリベット

花のようにエレガントでクリーン 政府公認蒸溜所第1号の美酒

スペイ川の支流、リベット川とエイボン川が合流する、少し奥まった標高約270mのリベット渓谷に位置する。清涼な空気と冷たく良質な水、豊富なピートに恵まれ、かつて数多くの密造所が存在した場所だ。創業者ジョージ・スミスのつくるウイスキーはその時代から高い評判を得ていた。そして1824年、酒税法が緩和されると、政府公認第1号の蒸溜所となった。これによって密造所仲間には命まで狙われたという。その後、その評判の高さにあやかり、次々と〝グレンリベット〟を冠する蒸溜所が現れたが、訴訟の末、同社のみが定冠詞「THE」を付けてその名を名乗れることに。そのモルトは、花やフルーツを感じさせ、エレガントでクリーン。シャープな切れ味で、美しくも味わい深い。仕込み水のジョージーの泉はミネラルに富む硬水である。

DATA

所有者	シーバス・ブラザース社
創業年	1824年
蒸溜器	ランタン型
所在地	Minmore,Ballindalloch,Banffshire http://www.theglenlivet.com/
問合せ先	ペルノ・リカール・ジャパン(株)

LINE UP

- ザ・グレンリベット ファウンダーズリザーブ ……700mℓ・40度・4,800円
- ザ・グレンリベット15年 フレンチオーク・リザーブ ……700mℓ・40度・6,706円
- ザ・グレンリベット18年 ……700mℓ・43度・11,374円
- ザ・グレンリベット アーカイブ21年 ……700mℓ・43度・23,000円
- ザ・グレンリベット25年 ……700mℓ・43度・42,000円

ほか(ナデューラシリーズなど)

TASTING NOTE

ザ・グレンリベット12年

700mℓ・40度・5,370円

色	薄いゴールド。
アロマ	青りんご。クリーン。草っぽさ。全体的に香りは「青い」印象。
フレーバー	バニラ、蜂蜜、ミルクチョコレート。青りんご。少し苦味を感じる。
全体の印象	とてもすっきりしている。加水してもよいがバランスがいいので、ストレートで。

THE GLENROTHES

ザ・グレンロセス

美しく、フルーティで味わい深い こだわりの〝ヴィンテージ〞モルト

5つの蒸溜所があるスペイサイドの小さな街ローゼス、その外れ、ピート色の濃いローゼス川のほとりに蒸溜所はある。創業は1878年だ。そのウイスキーの品質は昔から多くのブレンダーに賞賛され、使用されてきた。ブレンディッドのカティサークの主要原酒でもある。特徴的なのは、貯蔵されたウイスキーのうち、ある年の、熟成がピークに達した品質の高いもののみが選ばれる〝ヴィンテージ〞モルトであること。選び出されるのは生産量に対してたった2%程度。熟成樽などによって出されたキャラクターが明確なものだけだ。サンプルルームをモチーフにしたというボトルとラベルも洒落ていて、ラベルには1本1本蒸溜日と瓶詰め年、手書きのテイスティングノートも入れられている。色調の美しい黄金色で、甘く、フルーティでスパイシー。クリーミーで味わいがある美酒だ。

DATA

所有者	ジ・エドリントン・グループ社
創業年	1878年
蒸溜器	ボール型
所在地	Rothes,Morayshire
	http://www.theglenrothes.com/
問合せ先	レミー コアントロー ジャパン(株)

LINE UP

ザ・グレンロセス シェリー・カスク・リザーヴ
……………………700㎖・40度・9,000円

ザ・グレンロセス バーボン・カスク・リザーヴ
……………………700㎖・40度・6,000円

ザ・グレンロセス ピーテッド・カスク・リザーヴ
……………………700㎖・40度・6,000円

など

TASTING NOTE

ザ・グレンロセス ヴィンテージ・リザーヴ12

700㎖・43.5度・5,500円

(1987)

色	琥珀色。
アロマ	ジンジャー、バニラ、アーモンド、木くず、オレンジキャンディ。
フレーバー	ドライ。オレンジピール(少し苦味)。次第に甘くなっていくが、すっきりした甘さ。
全体の印象	後味はドライで、比較的すっきり。

INCHGOWER

インチガワー

甘さや塩っぽさが重なり合う 個性的な海のスペイサイドモルト

インチガワーは、スペイ川の河口から数km東側のバッキーという小さな漁港の近くにある。スペイサイドでは唯一、海のほとりに位置している蒸溜所だ。トッキニール蒸溜所を引き継ぐ形で、1824年にアレクサンダー・ウイルソンが設立し、1871年に現在の場所に移って、名前をインチガワーと改めた。19世紀のヴィクトリア朝の外観をよく残し、20世紀初めまでは、隣接した農場で麦芽や蒸溜液のカスを飼料に、数多くの牛や豚、羊を飼っていた美しい蒸溜所でもある。そのロケーションゆえか、スペイサイドモルトとしては異色なドライな塩っぽさがある。ライトで辛口な中に、うっすらと甘さやミント、スモークなどが重なるようで、複雑で面白い。シーフードに合いそうだ。大部分がブレンディッドに回されるが、シングルモルト用の原酒だけはここで熟成される。昔からブレンディッドのベルの原酒でもある。

TASTING NOTE

インチガワー14年 UDV社花と動物シリーズ

700㎖・43度・オープン価格

色	ゴールド。
アロマ	レモンスカッシュ。枯れ木、少し植物系。ピーナッツ、プラスティック。
フレーバー	辛い。七味トウガラシのよう。塩辛さも。
全体の印象	通好みの1本。フィニッシュは薄いが、極めて個性的。

DATA

所有者	ディアジオ社
創業年	1824(1871)年
蒸溜器	ストレートネック型
所在地	Buckie,Banffshire
	http://www.malts.com/
問合せ先	—

KNOCKANDO

ノッカンドゥ

熟成の完了したモルトにこだわる エレガントでフルーティな味わい

蒸溜所は、スペイ川を見下ろし、木立に囲まれた美しい丘の上に建っている。ノッカンドゥはゲール語で「小さな黒い丘」という意味だ。創業は1898年。昔からジャステリーニ&ブルックス社のブレンディッド、J&Bレアの主要モルトである。と同時に1970〜80年代には同社がシングルモルトとして力を注ぎ、各国に輸出されてきた。仕込みに使われているカードナックの泉の水は実にクリアーで、それがノッカンドゥの魅力的な味わいに結びつくとも。ウイスキーにはキャラメル着色せず、ナチュラルな味わいが重視されている。ピート香、樽香ともにライトな中に、ほのかにベリーが薫るようなエレガントさ、スムースでクリーミーな口当りを持つ。熟成年数とともにフレーバーにはより複雑さが増す。ボトルには蒸溜年が明記され、熟成の完了したウイスキーのみボトリングするというのもこだわりだ。

DATA

所有者	ディアジオ社
創業年	1898年
蒸溜器	ランタン型、ボール型
所在地	Knockando,Morayshire
	http://www.malts.com/
問合せ先	—

LINE UP

ノッカンドゥ 15年 ……700mℓ・43度・オープン価格

ノッカンドゥ 18年 ……700mℓ・43度・オープン価格

TASTING NOTE

ノッカンドゥ12年	
700mℓ・43度・オープン価格	
色	きれいな琥珀色。
アロマ	コンペイトウ、綿飴、砂糖の甘い香り。ホットケーキのよう。
フレーバー	甘味、クリームっぽさが飲み込む直前に広がっていく。
全体の印象	飲み込むとスーッと消えていく。甘く香り、スムース。

LINKWOOD

リンクウッド

白鳥が飛来する蒸溜所の花のようなスイートモルト

近郊を含めると10を数える蒸溜所があるエルギンもまた、スペイサイドを代表するウイスキータウンだ。リンクウッド蒸溜所は、そのロッシー川沿いに、1821年、ピーター・ブラウンによって設立された。その名前はかつてそこにあった貴族の館の名前に由来するという。リンクウッドでは、自分たちのウイスキーの味わいが変わらないように、いつも注意が払われ続けてきた。1971年に拡張されたときには、追加されるポットスチルはオリジナルと凹凸まで同一になるよう注文されたという話が残っている。花や草、バラのような芳香も感じられ、まろやかで飲みやすく、スイート。大部分がブレンドに回るため、知名度はないが、ブレンダーの間では昔から評価の高いモルトだ。冷却水が貯められた池には、さまざまな鳥が集まり、白鳥も飛来することから、ラベルのエンブレムにはつがいの白鳥が描かれている。

TASTING NOTE

リンクウッド12年 UDV社花と動物シリーズ

700mℓ・43度・オープン価格

色	ゴールド。
アロマ	麦のおいしそうな香り。クリーン。草や花。
フレーバー	インパクトはそれほどないが、ゆっくりと甘さが開く。かすかなスモーキーさ。
全体の印象	ボトラーものも多く、樽のウッディさや、ナッツフレーバーを感じさせ興味深いものも。

DATA

所有者	ディアジオ社
創業年	1821年
蒸溜器	ストレートネック型
所在地	Elgin,Morayshire
	http://www.malts.com/
問合せ先	—

ザ・マッカラン

数々のこだわりが生み出す “シングルモルトのロールスロイス”

マッカランといえば「シングルモルトのロールスロイス」と讃えられ、ブレンダーの間でも絶賛されてきた名酒だ。蒸溜所は、スペイ川中流、クレイゲラキ村の対岸に位置する。公式の創業は1824年で、2番目の公認蒸溜所だが、蒸溜の歴史自体は古く、かねてこの地を往来する牧童たちに愛されていたという。マッカランは数々のこだわりを持つが大きなものが3つ。原料に高価なゴールデンプロミス種の大麦を使うこと、スペイサイドで最小のポットスチルで直火焚き蒸溜すること、そしてシェリー樽熟成だ。それもドライ・オロロソ・シェリーの空き樽だけを使い、そのために自ら新樽をつくり、スペインのシェリー酒業者に提供している。熟した果実、芳醇なシェリー香、まろやかで複雑な味わいはただただ深い。

DATA

所有者	ジ・エドリントン・グループ社
創業年	1824年
蒸溜器	ストレートネック型
所在地	Craigellachie,Banffshire
	http://www.themacallan.com/
問合せ先	サントリーホールディングス(株)

LINE UP

ザ・マッカラン18年	700mℓ・43度・27,000円
ザ・マッカラン25年	700mℓ・43度・120,000円
ザ・マッカラン30年	700mℓ・43度・180,000円
ザ・マッカラン ファインオーク10年	700mℓ・40度・5,000円
ザ・マッカラン ダブルカスク12年	700mℓ・40度・7,000円

TASTING NOTE

ザ・マッカラン12年

700mℓ・40度・7,000円

色	赤みがかった、桜の木のような色。
アロマ	甘くいい香り。クリーム、シェリー香、レーズン、コーヒー豆、ラズベリータルト。
フレーバー	シェリー酒の味。少し苦めのココア。
全体の印象	甘さもあるが、赤ワインを飲んだあとのようなタンニンぽさも。シェリー樽の風味が少し強い。

TASTING NOTE

モートラック18年	
500mℓ・43.4度・33,600円	
（16年UDC社花と動物シリーズ）	
色	赤みが強い、セイロンティのよう。
アロマ	シェリー香が強い。カツオだし。ゴム臭。
フレーバー	バニラ、ビスケット、少し埃っぽさ。少しピーティ。シェリー樽熟成の味。
全体の印象	濃いシェリー樽。コクがありビッグ、まろやか。厚みがある。

MORTLACH

モートラック

スペイサイドモルトの魅力が詰った複雑にしてエレガントな美酒

スペイサイドのダフタウンには7つの蒸溜所があるが、その中でも最古のものがこのモートラックだ。ここはもともと密造が行われていた地で、1823年に、地元の3人の農夫がライセンスを受け、共同で設立した。後にグレンフィディックを興すウイリアム・グラントが、20年間働いたところでもある。面白いのはここにある6つのポットスチルが、それぞれ大きさも形もバラバラなこと。そして、それらを上手く組み合わせて〝部分的な3回蒸溜〟と呼ばれる方法で蒸溜が行われることだ。これによって複雑で、力強く、フレーバーに溢れたモルトができ、伝統的なワームタブの効果とも相まって独特の味わいが生まれるという。そのモルトは、エレガントな花っぽさ、微かなスモーキーやシェリー、麦芽やフルーツの甘さ……と、実に複雑でボディがあり、余韻も長い。スペイサイドのよさが詰まったといっていい美酒である。

DATA

所有者	ディアジオ社
創業年	1823年
蒸溜器	ストレートネック型、ボール型、
所在地	ランタン型
	Dufftown,Banffshire
問合せ先	http://www.malts.com/
	MHDモエ ヘネシー ディアジオ（株）

LINE UP

モートラック レア オールド ……………………500mℓ・43.4度・10,300円

モートラック 25年 ………500mℓ・43.4度・112,400円

STRATHISLA

ストラスアイラ

妖精の棲む泉の水で仕込まれる華やかでフルーティな食後酒

双頭のパゴダ屋根や水車、石造りの建物などが絵のように美しいといわれる蒸溜所は、スペイサイドの東側、アイラ川が流れるキースの街にある。創業は1786年で、現存するハイランドで最古の蒸溜所のひとつだ。ストラスアイラは、ゲール語で「アイラ川の広い谷」という意味。仕込みの水はフォンズ・ブリエンの泉から汲み上げられるが、13世紀にはドミニコ会の修道士がこの水でビールを醸造していたともいわれる。また、日が暮れると泉を護る妖精が現れるという伝説も。クリアで少し硬度のある水である。軽くピート焚きされた麦芽、木製のウォッシュバック、ずんぐりした背の低いポットスチルが使用され、それがよりリッチで複雑な伝統的な味わいを生むという。その味はドライでフルーティ、なめらかで熟した果実やナッツのような風味がある。1950年代以来ずっと、シーバスリーガルに欠かせない核となっているモルト原酒でもある。

DATA

所有者	シーバス・ブラザーズ社
創業年	1786年
蒸溜器	ボール型、ランタン型
所在地	Keith,Banffshire
	http://www.maltwhiskydistilleries.com/
問合せ先	ペルノ・リカール・ジャパン(株)

TASTING NOTE

ストラスアイラ12年

700mℓ・40度・オープン価格

色	濃いゴールド。
アロマ	ミルク、りんご、おしろい花。こんがり焼けたパイ。
フレーバー	クリーミー、軽いハーブ。ほどよく塩気。甘さもしっかり。シナモン風味のりんごパイ。
全体の印象	後味が甘く、長く続き、素晴らしい。バランスがとてもいい。

AUCHENTOSHAN

オーヘントッシャン

ローランド伝統の3回蒸溜を守る やわらかく、軽く、繊細な味わい

オーヘントッシャンとはゲール語で「野原の片隅」の意味。蒸溜所はグラスゴーの郊外、キルパトリック丘陵とクライド川の間の窪地にある。1817年にはすでにあったというが、公式には1823年の創業だ。その大きな特徴は、今もローランドの伝統である3回蒸溜でつくられていること（ほかはスプリングバンクのヘーゼルバーンのみ）。初溜、中溜、再溜の3基のポットスチルで、最終的にアルコール度数約81%の原酒が取り出される。こうして蒸溜されるモルトは、ライトな香りと軽やかなボディが特徴。フルーティで微かに甘みを含み、軽くオイリー。繊細な味わいは食中酒としても楽しめる。3回蒸溜は熟成が早いことでも知られ、10年物にして充分な熟成感が楽しめる。バーボン樽で熟成後、オロロソやペドロ・ヒメネスのシェリー樽で熟成させた「スリーウッド」も面白い。

TASTING NOTE

オーヘントッシャン12年	
700㎖・40度・4,000円	
色	明るめのゴールド。
アロマ	麦芽。紅茶飴。ホットケーキミックス。
フレーバー	紅茶とのど飴。ライトなクリーム。後味はすっきりしている。
全体の印象	軽くて飲みやすい。繊細、さわやか。麦のいろいろな表情（甘味、粉っぽさ、さっぱりした感じ…）。

DATA

所有者	モリソン・ボウモア社・ディスティラーズ社
創業年	1823年
蒸溜器	ランタンヘッド型
所在地	Dalmuir,Dunbartonshire
	www.auchentoshan.com
問合せ先	サントリーホールディングス（株）

LINE UP

オーヘントッシャン アメリカンオーク
…………………………700㎖・40度・4,000円

オーヘントッシャン スリーウッド
…………………………700㎖・43度・8,000円

BLADNOCH

ブラッドノック

最南端の小さな蒸溜所が生む
デリケートでレモニーなモルト

　ブラッドノックはスコットランド最南端の蒸溜所だ。アイリッシュ海に突き出したマッカース半島のウィグタウンの近くにある。1817年に、地元のマクレーランド兄弟によって農場の一部に建てられた。1993年には当時の所有者UD社によって閉鎖され、消滅の危機に陥ったが、1994年にレイモンド・アームストロング氏がオーナーに。最初、休暇用の別荘として改造するつもりだったのだが、人々に開かれた小さな蒸溜所として再生し、2000年に復活。その後2015年からは、現オーナーのデイヴィッド・プライオー氏に。現行のモルトはまだ閉鎖前のものだが、南の暖かさも影響してか、甘いフルーティさが詰まっている。デリケートだがしっかりしたボディの中に、花や果実、レモンのような香りがあって楽しめる。2017年からは再び蒸溜もスタートした。

DATA

所有者	デイヴィッド・プライオー社
創業年	1817年
蒸溜器	ボール型
所在地	Bladnoch,Wigtownshire
	http://www.bladnoch.com/
問合せ先	—

TASTING NOTE

ブラッドノックUDV社花と動物シリーズ10年

700mℓ・43度・オープン価格

色	赤みが強い。ダージリンティ。
アロマ	うっすら甘いバニラエッセンス。シェリー香。
フレーバー	麦ご飯、生焼けパンケーキ。バナナ。
全体の印象	熟成感たっぷり。濃厚でおいしい。ローランドの中では一番特徴的。

GLENKINCHIE

グレンキンチー

軽くドライで食前酒にも向く 心地いい〝エジンバラモルト〟

蒸溜所は、エジンバラから約20㎞東南の、辺り一帯を美しい農場に囲まれた東ロージアンにある。この一帯は特に18世紀以降、良質な大麦の生産で有名な穀倉地帯。1825年頃、多くの蒸溜所と同様に、レイト兄弟によって農場経営と並行する形で設立されたのが始まりだ。グレンキンチーの名前は、もともとその土地と小川を所有していたキンシー家に由来している。ここでは麦芽の搾りカスを飼料として牛を育てていて、品評会で受賞したこともある。その名残は今に続き、蒸溜所には約35万㎡の農地がある。軽くドライで、食前酒に向き、〝エジンバラモルト〟とも称されるウイスキーは、ディアジオ社のクラシック・モルト・シリーズに数えられる典型的なローランドモルトだ。フレッシュな中に、花や芝草を感じさせるフレーバーを持ち、すっきりと甘い。後味は穏やかだがスパイシーさもある。蒸溜所には立地のよさから多くの観光客も訪れる。

TASTING NOTE

グレンキンチー12年	
700mℓ・43度・4,400円	
（10年）	
色	ゴールド。
アロマ	芝生の上で寝転がっているみたいな感じ。少し青りんご。やや薬のよう。
フレーバー	バニラ、でも甘すぎない。ジンジャークッキー。
全体の印象	すっきり、さっぱり。ピクニックに行ってるような気持ちよさ。

DATA

所有者	ディアジオ社
創業年	1837年
蒸溜器	ランタン型
所在地	Pencaitland,East Lothian
	http://www.malts.com/
問合せ先	MHD モエ ヘネシー ディアジオ(株)

スプリングバンク

SPRINGBANK

キャンベルタウンの栄光を伝える甘く香しく、なめらかな口当たり

かつてモルトウイスキーの中心地として隆盛を誇ったキャンベルタウンだが、現在は3つの蒸溜所しかない。しかしスプリングバンクは、その栄光を今に伝え、伝統を受け継ぐ銘酒だ。蒸溜所は1828年の創業。その後まもなくから現在までミッチェル家がオーナーで、スコットランドでも数少ない一族による独立経営である。そのモルトは、甘くてとても香り高く、なめらかな口当り。微かなピーティさとともに、港町キャンベルタウンモルトの特徴ともいわれる塩味がやってくる。そのバランスが絶妙だ。すべての麦芽をフロアモルティングで自家製麦し、初溜釜は直火焚き。独自のボトリング設備を持ち、全工程を一貫して行う唯一の蒸溜所でもある。冷却ろ過や着色は行わず、ナチュラルにこだわる。ローワインの一部を再蒸溜する伝統の〝2回半蒸溜〟(P216参照)でつくられるのも面白い。

DATA

所有者	J&A・ミッチェル社
創業年	1828年
蒸溜器	ストレートネック型
所在地	Campbeltown,Argyll
	http://www.springbankdistillers.com/
問合せ先	(株)ウィスク・イー

LINE UP

12年カスクストレングス、15年、18年、21年が限定商品であり。

TASTING NOTE

スプリングバンク10年

700mℓ・46度・6,720円

色	薄いゴールド。レモンキャンディのよう。
アロマ	木綿のシャツ。バニラと木が混ざった匂い。和菓子のような甘い香り。
フレーバー	洋梨の皮。塩味。若干樽香。
全体の印象	10年は若いが充分楽しめる。熟成が進むとさらにスプリングバンクらしさ。

LONGROW

ロングロウ

スプリングバンク蒸溜所でつくられるセカンドブランドで、今はなきキャンベルタウンの古い蒸溜所名を復刻させたもの。2回蒸溜で、ピートのみで焚いた麦芽を使用。オイリーでスモーキー、複雑で力強い酒質。ピート、フルーツ、シェリーが三位一体となった味わいの18年もリリースされている。

TASTING NOTE

ロングロウ	
700mℓ・46度・5,680円	
色	濃いめのゴールド。レモンイエロー（バーボンカスク）。
アロマ	コンブ茶、かつお節、薄いウーロン茶。うなぎを焼いているときの煙。
フレーバー	ピーティというよりソルティ。ダークチョコレート。堂々としている。後味は洋梨。
全体の印象	アイラモルトほどではないが、少しライトな煙臭さが特徴的。

HAZELBURN

ヘーゼルバーン

スプリングバンク蒸溜所の3つ目のシングルモルトで、やはり今はなきキャンベルタウンの古い蒸溜所名を復刻。こちらは一切ピートを焚かない麦芽を使い、3回蒸溜。まろやかでスムースな味わい。2005年秋から8年物で待望の発売が開始。ラベルは3回蒸溜を示してポットスチルが3つ並ぶ。

TASTING NOTE

ヘーゼルバーン10年	
700mℓ・46度・6,320円	
色	濃いめのゴールド。
アロマ	軽い。オレンジシャーベット。駄菓子屋のガム。甘く、懐かしい香り。
フレーバー	蜂蜜、麦の甘さ、穀物っぽい甘さ。軽くフルーツ。
全体の印象	麦や穀物の甘さが上品。ローランドモルトに近い印象。最近のピーティなモルトが多い中で新鮮。

❶

❷

❶一面に広がるピートの原野。アイラ島は島の多くがピート層に覆われている。ピートはミズゴケやシダ、ヘザーなどが湿原に堆積して炭化したもの。

❷季節外れのヘザーの花を発見。8月半ばから9月くらいには一面がこの花に覆われる。

❸ラガヴーリン蒸溜所のパゴダ屋根。蒸溜所はやはり海辺に位置し、強い風が吹く。

シングルモルトを巡る旅

Part 1

アイラ島編

3

ピートと潮風に彩られた美しいウイスキーの島へ

透明な空気感みたいな“アイラらしさ”が染みてくる

風がびゅうびゅう渡っている。その風にいつも少し潮気が混じっているのが感じられる。アイラ島の話だ。ウイスキー好き、とりわけシングルモルトに心引かれた人間なら、きっと一度は訪れてみたいと思う島である。

複雑な海岸線と諸島で形成されるスコットランド西岸の南はしに位置し、北アイルランドアントリム州にも35㎞と近い。南北40㎞、東西30㎞。日本でいえば淡路島と同じくらいの小さな島だが、現在も稼働中の8つの蒸溜所がある。もちろん、数の問題だけではない。“アイラモルト”と呼ばれるそのウイスキーには、強烈に個性的な魅力がある。一般的に言うなら、煙り臭く、ピート香が強い。磯の香りが混じる。力強く、癖があるのが特徴だ。

初めて口にしたとき、たいていの人は驚く。好きか嫌いか。でもいつの間にか多くの人が、この癖にハマッてしまう。もちろん蒸溜所によって、ウイスキーの個性、バランスはそれぞれ異なるが、でもどのモルトにも、そんな“アイラらしさ”が確かに刻み込まれている。

アイラ島がなぜウイスキーの島となり、そうした魅力的なモルト・ウイスキーを生み出すことができたのか。それは蒸溜所を巡り、こ

❹

の島を旅していくと、体感として徐々に体に染み込むように理解できる。地理的・歴史的にいえば、元来ウイスキーの製造技術はアイルランドからスコットランドに伝わったという説が強い。アイルランドに極めて近いことを考えれば、アイラ島にいち早く伝わったとして何の不思議もない。そして、アイラ島にはウイスキーづくりに欠かせない原料が豊富にあった。つまり、大麦、水、燃料となるピートである。

　アイラ島は島全体が独特の厚いピート層に覆われている。独特というのは、それが他と比べると海藻香があってオイリーだからだ。島全体を吹き渡る潮風が、ミズゴケや風に飛ばされてきた海藻などと一緒にたっぷりと染み込んでいる。このピートが麦芽に焚き込まれるわけだ。ウイスキーの仕込みに使われる水もまた、このピート層を通って流れ出し、ピートに染まった水だ。それはもうアイラ島全体を彩る、透明な空気感みたいなものと相通じている。

　さらにいえば、蒸溜所はみな海に面していて、熟成庫は海辺にある。ウイスキーは樽の中で潮風を吸い込みながら熟成し、アイラ独特の自然なアロマが生まれてくる。

　そしてもうひと言付け加えるなら、アイラ島には、どこかアイラ島の魂みたいなものが感じられる。島の人々は、みな素朴でフレンドリーだ。それでいて、どこか内側には熱い情熱が感じられる気がする。海の民としてかつてはヴァイキングと戦い、「ロード・オブ・アイルズ（島々の王）」の名のもと、長らく独立国としてあった。そんな歴史に裏打ちされたものか。それがおそらくもう一つの隠し味だ。アイラの空気を深く吸い込み、潮風に身をさらして飲むアイラモルトは、また格別にうまい。

❺

❻

❹ボウモアの街角で偶然お会いした、ボウモア蒸溜所の名物ウエアハウスマンこと、ジンジャー・ウイリー氏。

❺入港するフェリーからは、ポートエレン製麦所が見える。かつての蒸溜所から姿を変え、今は多くの蒸溜所に麦芽を供給する。

❻広々とした牧場でのんびり放牧される羊や牛の姿もよく見かける風景。

アードベッグ蒸溜所

ARDBEG DISTILLERY

冷えた体に灯がともるような一杯
よみがえったビッグ・モルト！

❶アードベッグとはゲール語で〝小さな岬〟という意味だ。

❷熟成庫。3段積みのダンネージスタイルでウイスキーが眠る。

アイラ島の南岸、ポートエレンから東側には、いずれも強烈な個性を持つ（癖の強い）アイラモルトの蒸溜所が三兄弟のように並んでいる。アードベッグは、その一番東側の小さな岬に位置している。岬はゴツゴツした岩場で、吹きさらしだけど美しく、アードベッグにとても似付かわしい感じがする。

アードベッグといえば、全アイラモルトの中でも最も煙り臭く、コクの深いキャラクターで昔から熱烈なファンがいる。また、伸びが効き特徴的な個性は、バランタインを始めとしたブレンディッドにも必要不可欠とされてきたビッグ・モルトだ。にもかかわらず、少し前ま

③

④

⑤

❸左から「10年」「アリー・ナム・ビースト」「ウーガダール」。アリー・ナム・ビーストは、最初の香りはクリーミーでやさしく、飲み込むといつもの力強さと甘いコクがやって来る。なかなか魅力的な1本。

❹手前が初溜釜、奥が再溜釜。いわゆるランタン型で、再溜釜にはラインアームから重すぎるアルコールをスチルに戻すピューリファイアー（精溜器）がついてるのも特徴。

❺ウォッシュバック（発酵槽）はカラ松製とオレゴン松製がそれぞれ3つずつ。深い緑のアードベッグカラーのフープ（帯鉄）も印象的。

で、それは存亡の危機にさらされていた。'81年から'89年は完全な操業停止。操業再開後も、'97年にグレンモーレンジ社（現在はMHD社※傘下）に買収されるまで、生産は半減していた。

「最初にここに来たときは、こんなところには絶対住めないと思うような、すごくひどい状態だった。でも、工場はもちろん、外観も一つひとつ手を入れて。それは真っ白なキャンバスに絵を描くような感じだったの」

　そう語るのは当時所長を務めたスチュアート・トムソン氏の妻ジャッキーさんだ。'97年、夫とともに乗り込んできた当時、実は彼女は必ずしもウイスキーが大好きではなかった。それが、比較的飲みやすいブナハーブンくらいから始まって、段階を踏むように、「今はもちろん」アイラモルトが好きになった。ア

※MHD モエ ヘネシー ディアジオ社。グレンモーレンジ社は2005年にルイヴィトン モエ ヘネシー社によって買収され、現在は同社の傘下。

ードベッグは言うに及ばず。
　まずは蒸溜所を一通り見せてもらう。今はすみずみまで清潔に手が行き届いていて、生気に満ちた感じがする。そのあと、「飲んでみて」と彼女が差し出してくれたのは「10年」と新製品の「アリー・ナム・ビースト」。少し肌寒い日の、見学で少し冷えた体に、ほっと灯がともるような素晴らしい一杯。
　そして復活を遂げた蒸溜所には、ぜひ訪れるべき素晴らしいビジターセンターがある。かつてのキルンとモルト貯蔵庫を改造してつくられた〝オールド・キルン・カフェ〟である。ここでは、もちろんアードベッグにもピッタリ合う、手作りの心暖まる料理やデザート、お茶を味わうことができる。食材はすべて新鮮な現地のもの。結婚式やダンスパーティなども行われ、地元の人々にもとても愛されている。美しく、雰囲気があり、ともかくとてもウェルカムな空間だ。ここを訪れると、まずは素晴らしいモルトで、さらにはオールド・キルン・カフェで、誰もが2度心暖まる経験をすることができる。

❻かつて所長を務めていたスチュアート・トムソン氏と、オールド・キルン・カフェを切り盛りする妻のジャッキーさん。

❼アイラ島を訪れたらぜひ一度行くことをおすすめしたいのが〝オールド・キルン・カフェ〟。すべて手づくりの、地元でとれる新鮮な食材でつくられた料理やデザートが楽しめる。もちろんアードベッグともピッタリ合う。

❶

❷

❶蒸溜所から海岸の道路一本を挟んだところがもう海。ロッホ・インダールに面して、ちょうどボウモアの対岸に位置する。

❷左から、ブルックラディ「12年2ndエディション」「3D2 モワンモール」「ロックス」。マッキューワン氏の手によって、さまざまな個性を持つ、魅力的なブルックラディが続々と出されている。

❸白い壁に〝ラディ〟のカラー、アクアマリンのブルーが配された美しい蒸溜所だ。

❸

ブルックラディ蒸溜所

BRUICHLADDICH DISTILLERY

ナチュラル、ピュア、ハンドメイド!
アイラの魂が込められたウイスキー

❹

❺

❻

❹真っすぐで長い首が印象的なポットスチル。これが軽くて香りのいいブルックラディを生むという。青のパイプは再溜釜、赤のパイプは初溜釜をそれぞれ表している。

❺案内をしてくれたのは、ディスティラリー・マネジャーのダンカン・マクギリブレイ氏（左）とプロダクション・ディレクターのジム・マッキューワン氏（右）。2人とも生粋の〝イーラック〟であり、2人合わせれば80年のウイスキーづくりの経験がある。

❻「これを聴いてアイラを感じてくれ」そう言ってマッキューワン氏が手渡してくれたのが、ノーマ・マンローのCD『スコシアズ・ゴールド』。やさしく、美しく、アイラの風を感じるような1枚。

ブルックラディは、今とても面白い。それはこの蒸溜所の新しいスタイルと、そのチームの中でプロダクション・ディレクターを務める、ジム・マッキューワン氏によるところも多分に大きい。'95年以降ほぼ休眠状態にあった蒸溜所は、以前ワインを扱う会社にいたマーク・レイニヤーをリーダーとして集った数人の仲間により、熟成中の7000樽のストックと一緒に買い取られた。2000年の12月の話だ。それは大手の資本による買収でなく、アイラ島を中心とした個人の投資家を募った、あくまでプライベートな、独立採算制の会社である※。そして彼らの共有する目的は、何よりも思い描ける限りの、素晴らしいアイラ・シングルモルトをつくりたいというところにあった。

再開された蒸溜所では、ヴィクトリア朝期の創設以来の設備が再整備されて使われている。'03年には独自の瓶詰め設備も設置され、自然水による加水も含め、工程の大部分をアイラ島で完結することが可能になった。アイラの人々の手で、伝承された方法で手づくりされ、アイラの風を受けて育つ。それが生まれ変わったブルックラディだとマッキューワン氏は語る。

「ほとんどノンピーティで、軽くってとても香りがいい。フルーティさもあるはずだ。これは首の長いポットスチルで、ゆっくりと蒸溜するからだ。それと水の影響もある。ピートの濃い水で、ソフトに仕上がる。ともかく、ナチュラル、ピュア、ハンドメイド。それが特徴でもあ

※現在は、レミー コアントロー社の傘下。

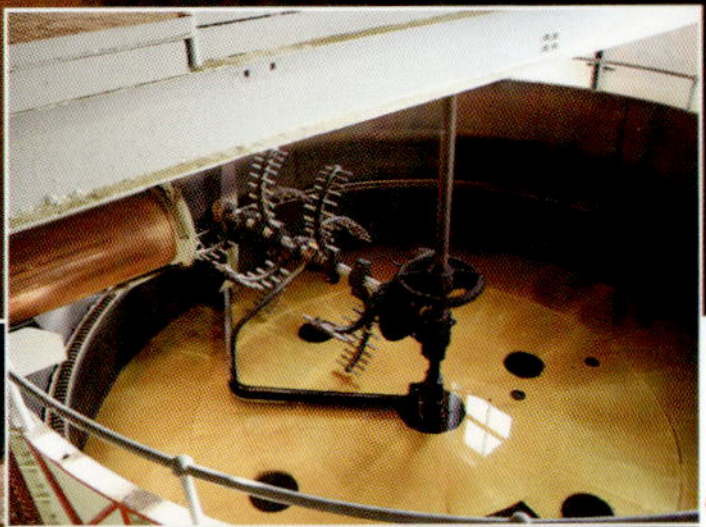

❼古いものは1960年代に至るという原酒が眠る熟成庫。70%がバーボン樽、15%がシェリー樽、あと15%はさまざまなタイプのワインやラムの樽だという。

❽1881年の設立以来使われる鋳鉄製でオープン・トップのマッシュ・タン（糖化槽）。左上に見える筒から粉砕された麦芽と温水が入れられる。

❾発酵するウォッシュ（もろみ）。ウォッシュバック（発酵槽）はオレゴン松製。

❿ヴァリンチで取ってくれた原酒を試飲。1984年蒸溜、2002年ヴァッティングで、ポムロールのワイン樽に入ったブルックラディ。色合いの美しさ、香り、味わいの深さとも感動ものだった。

り、大事なことなんだ」

再開後には、新たにピートを深く焚きこんだ「ポート・シャルロット」、最大級に焚き込んだ「オクトモア」というモルトも仕込まれている。また、オン・ザ・ロック向けの「ロックス」、3つのまったくキャラクターの違うモルトからなる「3D」、3回蒸溜の「トレースアラック」……、魅力的なさまざまなヴァッティングを含め、実は斬新なブルックラディが次々とリリースされているのも見逃せない。

「大手といわれる会社があるけど、そこでは臨機応変にできないし、結果として同じような個性のものが多くなる。それに対して我々はいわばウイスキーのデザイン・ブティックなんだ。小さくて、独立してて、因習にとらわれないからできる。いいシェフだったら、毎日同じ料理は出さないだろ?」

つまるところ、ブルックラディというのはロックンロールなんだよ、というのが彼の言葉だ。〝イーラック※〟にとってそれは情熱であり、ロマンであり、とどまるところを知らない。

※アイラ生まれ、アイラ育ちのアイラ人のこと。島の人はアイラ島に誇りを持って、自分たちのことをそう呼ぶ。

2章

ブレンディッド・スコッチ・ウイスキー&アイリッシュ・ウイスキー

Blended Scotch Whisky & Irish Whiskey

Blended Scotch Whisky

ブレンディッド・スコッチ・ウイスキーを知る

ブレンディッド・ウイスキーとは？

**個性豊かな原酒たちが織りなす
ちょっと贅沢なシンフォニーの魅力**

連続式蒸溜機のしくみとグレーン・ウイスキー

スコッチ・ウイスキーは、原料、製法の違いから3つに分けることができる。モルト・ウイスキー、グレーン・ウイスキー、そしてブレンディッド・ウイスキーだ。このうちブレンディッド・ウイスキーは、前の2つをブレンド（混合）してつくられたもので、通常数十種類のモルト原酒と、数種類のグレーン原酒によってつくられる。

グレーン・ウイスキーとは何かというと、トウモロコシや小麦、大麦など未発芽の穀類を主原料にしてつくられ、蒸溜されたウイスキーだ。現在では連続式蒸溜機で蒸溜されるが、その発明以前はポットスチルで蒸溜されていた。

グレーン・ウイスキーはスコットランドでもローランド地方でつくられるようになるが、その主要な理由はコストの削減にあったといえる。18世紀になるとウイスキーへの課税が強化されたが、原料の麦芽への課税が導入されたこと、ローランドでは地理的に密造が困難だったことなど……、酒税との問題が背景にはある。麦芽に比べて安価な穀類を大量に使用し、さらに19世紀に入ると連続式蒸溜機が発明されたことで、グレーン・ウイスキーは安価で大量生産が可能となる。

さて、連続式蒸溜機である。基

MALT
それぞれ個性的で、豊かな風味を持ったモルト原酒数十種類。

＋

GRAIN
雑味がなく、マイルドで飲みやすいグレーン原酒数種類。

→

BLENDED!

本原理は、19世紀前半に発明、改良されたものと今も変わらない(下図参照)。まず構造的には、縦型の塔の中が、数十段の穴の空いた棚で仕切られている。この塔の上部からウォッシュ(もろみ)が送り込まれると同時に、下部からは蒸気が送り込まれる。ウォッシュは、設置された棚の上を均一に流れながら、上段から下段へと流れていくが、このとき、下から昇ってきた蒸気がウォッシュを加熱するとともにアルコールを揮発させ、上昇していく。つまり、各棚の上ごとに蒸溜が行われ、それが繰り返される仕組みで、これによって取り出されるアルコール度数は高濃度に高められる。塔は、粗溜塔と精溜塔の2つがセットとされ、度数の低い蒸溜液は循環するようにもなっている。また、原料のウォッシュを送り続ければ、連続的に大量に蒸溜を続けられるのも特徴だ。実際に間近に見ればわかるが、この連続式蒸溜機というのは高さ数mに及ぶ巨大なもので、その様子はより〝工場〟という形容がふさわしい。

こうして取り出されるアルコールの度数は94度までになり、高濃度、高純度で非常にすっきりしたものとなる。また、一方では蒸溜時に多くの香味成分も取り除かれてしまうため、風味や個性には欠けることになる。

スコッチ・ウイスキーの躍進を生んだブレンディッドの魅力

当時ハイランドを中心に生産されていたモルト・ウイスキーは、風味が強く個性的で人気があったが、品質や生産の安定性にはまだ問題を抱えていたし、スコットランド以外の市場に対しては少々クセが強すぎた。一方、ローランドのグレーン・ウイスキーは、安価で安定もしていたが、風味に乏しくて不人気。

こうした状況下で、そうした欠点を補い、より安定した形で広く好まれるものを……というニーズから生み出されてきたのが、実はブレンディッド・ウイスキーである。ブレンディッドでは、なめらかなグレーンを一つのベースとして、さまざまなモルトの個性が加えられ、魅力的に織り交ぜられる。それはいくつもの個性が上手く重なり合って奏でられるシンフォニーの魅力といってもいい。実際、その後のスコッチの躍進はブレンディッドの登場なくして語れないものだ。

連続式蒸溜機内の基本的なしくみ

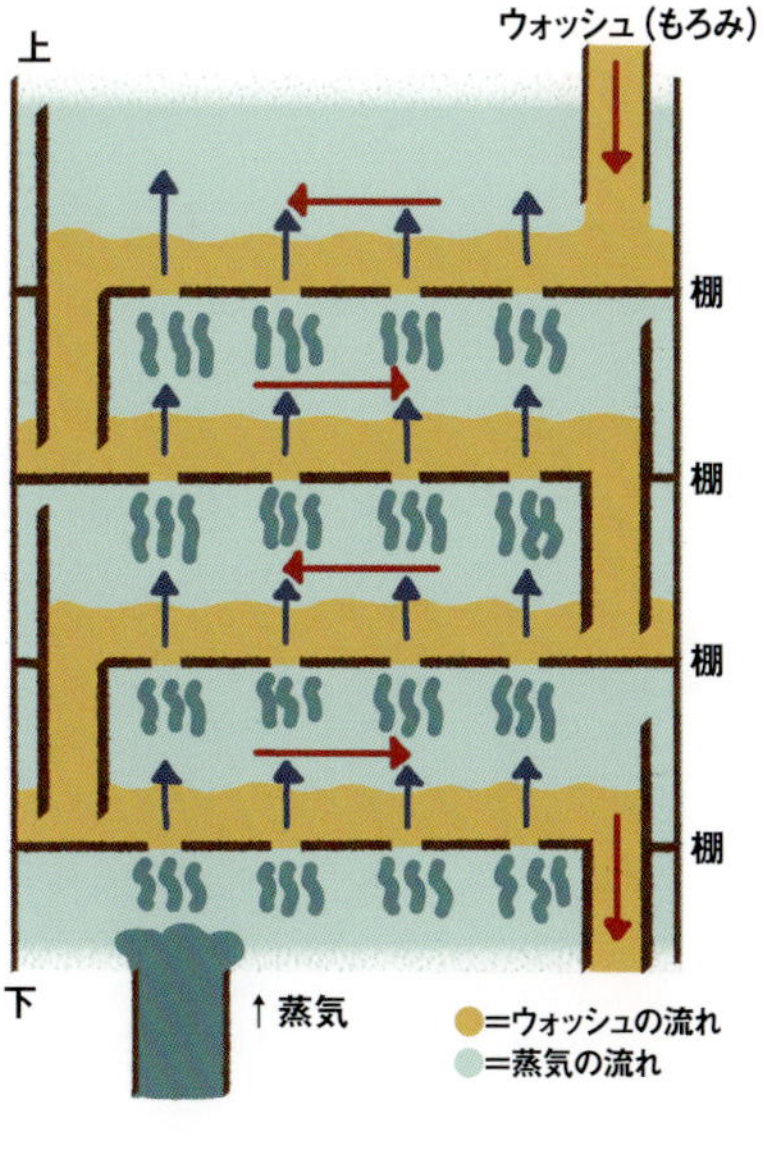

①連続式蒸溜機は大きな縦型の塔になっていて、この図はその内部の基本的な構造と仕組みを示している。内部は図のように、水平な棚で数十段に仕切られていて、棚には無数の穴があけられている。

②ウォッシュ(もろみ)は、上部から送り込まれ、棚の上を均一に流れながら、上段から下段へと下っていく。

③同時に、下部からは蒸気が送られる。蒸気は棚にあけられた穴を通り抜けて上昇していくが、その際、ウォッシュを加熱してアルコール分を揮発させていく。

④こうして各棚ごとに蒸溜が行われ、それが繰り返されていくことにより、効率的により高濃度、高純度なアルコールが取り出される。

ブレンディッド・スコッチ誕生史

連続式蒸溜機の発明とロンドン市場への進出がキーワード

連続式蒸溜機の登場からグレーン・ウイスキーへ

スコッチの歴史において、ブレンディッド・ウイスキーの誕生と発展は大きなウエイトを占めるが、それには、まず連続式蒸溜機の発明が必要だった。

最初の連続式蒸溜機は、1826年、ロバート・スタインが発明したものだ。1830年、これをさらに改良して、特許を取ったのがアイルランド人のイーニアス・コフィーである。そのため、連続式蒸溜機は、彼の名を取ってコフィー・スチル、もしくはパテント・スチルと呼ばれることが多い。

連続式蒸溜機では、連続した大量生産が可能であり、原理的には内部で単式蒸溜を何度も繰り返す仕組みとなるので（P91参照）、アルコール度数90度以上の、非常に純度の高いアルコールが取り出される。雑味とともに香味成分も多く取り除かれるため風味には欠けるが、その分原料を選ばないともいえる。このコフィー・スチルを最初に導入したのは、近場に大きな市場を抱えたローランドの蒸溜業者だ。彼らは、原料の穀物を高価な麦芽から、トウモロコシなどへ切り替え、さらにコフィー・スチルを導入することで、安価で大量生産がきき、すっきりとクリーンなグレーン・ウイスキーを生産するようになる。

ついにロンドンっ子を捉えたブレンディッド・ウイスキー

ブレンディッドはこうしてできる（ex.バランタイン17年）

軽く、やわらかな口当り…

ピート香、甘さ、スパイシー、ウッディネス…

バランタイン17年

ところで、このグレーン・ウイスキーはローランドで飲まれるとともに、その多くはジンに加工・再溜される原料としてイングランドへ送られていた。都市の市場で人気を得ていたのは、やはりハイランドのモルト・ウイスキーであった。ただし、こちらもさらに大きな市場へ進出するには問題を抱えていた。スコットランド以外でも広く飲まれるためには、少々刺激が強すぎる味だったということ。また、各樽によって良し悪しにばらつきがあり、品質の安定性を保てていなかったということだ。

この問題を解決し、ウイスキーをさらに発展させたのが、ヴァッティングやブレンドという技術の開発だ。その最初の成功例が、エジンバラの商人アンドリュー・アッシャーが1853年にロンドンで売り出した「アッシャーズ・オールド・ヴァッティッド・グレンリベット」。彼は別々の樽の、熟成年が異なるグレンリベットの原酒を上手くヴァッティング（掛け合わせ）することでバランスを高め、つねに変わらぬ味わいの独自の商品として発売したのである。さらには1860年、酒税法の改正で課税前にモルト・ウイスキーとグレーン・ウイスキーを混ぜることが許されると、今度はそこにグレーン・ウイスキーもブレンド。こうしてついにブレンディッド・ウイスキーが誕生する。

グレーン・ウイスキーによってなめらかで軽い飲み口を与えられながら、モルト・ウイスキーの複雑で芳醇な味わいも合わせ持つことで、ブレンディッド・ウイスキーは、より広く受け入れられるものとなった。また、アッシャーと前後して、19世紀中頃には、食料品店から出発して後にウイスキーのビッグネームとなるような人物がキラ星のごとく登場する。ジョン・デュワー、アーサー・ベル、シーバス兄弟、ジョン・ウォーカー……、等々。彼らと彼らの子供たちの活躍もあって、ついにブレンディッド・ウイスキーは巨大市場ロンドンに浸透し、ロンドンっ子の舌を捉えていく。

これには運も味方した。1860年代から80年代にかけて、ヨーロッパのブドウの木をフィロキセラという害虫が襲い、ほぼ全滅させてしまう。そのためワインやブランデーがつくれなくなってしまったのだ。そこでブランデーに代わる酒としてロンドンの紳士たちが選んだのが、出回り始めたブレンディッド・ウイスキーだったというわけである。時は大英帝国の全盛期である。その繁栄とともに、さらにブレンディッドは生産量を増やし、世界中の国々に進出していくこととなる。

スコッチ・ブレンディッド誕生の主なエポック

1826	ロバート・スタインが連続式蒸溜機を発明。
1830	イーニアス・コフィーが連続式蒸溜機を改良し、14年間の特許を取得。 今日のパテント・スチルの原形。
1853	エジンバラのアンドリュー・アッシャー「アッシャーズ・オールド・ヴァッティッド・グレンリベット」を発売。 複数の樽を混ぜ合わせることで、単独のものより飲みやすく、安定して、風味豊かなものとしたのがヴァッティッド・モルト・ウイスキー。
1860	アンドリュー・アッシャー、モルト・ウイスキーとグレーン・ウイスキーをブレンド。 ブレンディッド・ウイスキーの誕生。
1879	フィロキセラ虫の被害でフランスのぶどう園が全滅状態に。 ブランデーの入手が困難になる中で、スコッチ（ブレンディッド）の消費が拡大し、以降、スコッチは世界のスコッチへと大きく発展していく。

最初に飲みたい！
オススメボトル

あくまで一つの参考だが、
これからウイスキーを楽しみたいという人への
オススメの５本。
それぞれ個性の違う4本のブレンディッド・スコッチと1本のアイリッシュ。
その違いもご堪能を。

シーバス リーガル12年
CHIVAS REGAL 12
→P99

スペイサイドの佳酒を
核につくられる華やかさ、
芳醇さを味わいたい1本！

かつていち早く熟成にこだわり「12年熟成表示」をしたのがシーバス。スペイサイドの佳酒を核にした華やかな芳醇さ。「12年」はスコッチのプリンスとも称される１本。

バランタイン17年
BALLANTINE'S 17
→P97

ブレンディッドならではの
絶妙バランス
そのやわらかさを堪能したい1本！

「スイート、フルーティ、ラウンド、ソフト」という4つの言葉で語られる特徴は、数多くのモルトとグレーンのブレンドから生まれる。絶妙なバランスを誇るブレンディッドの名作。

カティサーク オリジナル

CUTTY SARK Original

→P100

アメリカ市場での
人気も高い
さわやかでライトな
味わいの1本！

白い帆船をトレードマークとしたボトルのイメージのまま、飲みやすくさわやかな風味のライトタイプを代表する1本。涼やかな柑橘系の香りとほどよいスモーキーさが魅力的。

ザ・フェイマス・グラウス・ファイネスト

THE FAMOUS GROUSE finest

→P102

バランスのとれた
コクが後を引く
スコットランドで
大人気の1本！

地元スコットランドで常に1〜2を争う人気を誇る1本。ダブル・マリッジ製法で寝かされた酒質は、バランスのとれたコクとフルーティな風味が魅力で、後を引く飲み口。

ブッシュミルズ シングルモルト10年

BUSHMILLS Single Malt10

→P115

広がりのある
フィニッシュも魅力的
アイリッシュを
代表する伝統の1本！

現存する世界最古の蒸溜所が生む、アイルランドでは唯一のエイジング・シングルモルト。アイリッシュならではのピートを使わない3回蒸溜。甘やかで複雑なアロマが魅力的。

ブレンディッド・スコッチ・ウイスキー・カタログ

Blended Scotch Whisky Catalog

TASTING NOTE

バランタイン17年	
700mℓ・40度・9,000円	
（12年）	
色	透明度の高い琥珀色。
アロマ	穏やかな甘い香り。水で割ったほうが香りたち、落ち着く感じ。
フレーバー	やわらかく、飲み飽きない。心地いい甘さ。少しマスタードみたいな辛さとスパイス。
全体の印象	モルト感は少ないが水割りに最適。すっきりと飲め、和食にも合いそう。

BALLANTINE'S

バランタイン

絶妙なブレンドバランスで醸される なめらかな口当たりと芳醇な香り

世界で第2位の売上げを誇り、特にヨーロッパではもっとも売れているブレンディッドだ。幅広いラインナップに共通する特徴は、どれもバランスがよく、ソフトでスイートなこと。創業者のジョージ・バランタインがエジンバラで小さな食料品店を開店したのが1827年。究極のスコッチとして〝ザ・スコッチ〟とも讃えられる「17年」が誕生したのが1937年だ。その味わいを生むためには、ミルトンダフやグレンバーギを中心に、40種類以上のモルトが厳選され、4種のグレーンが使われている。口当りのやわらかさを決める下地となっているのはダンバートンのグレーンで、ラフロイグやスキャパ、バルブレア……と多彩なモルトが絶妙なバランスでブレンドされている。爽やかなスモーキーさとオーク香を感じさせつつ、馥郁として甘くクリーミー。水割りにしてもなお味わい深い。

DATA

製造元	ジョージ・バランタイン＆サン社
創業年	1827年
主要モルト	ミルトンダフ、グレンバーギ、スキャパ、トーモア、バルブレア、アードベッグ、ラフロイグなど
問合せ先	サントリーホールディングス（株）

LINE UP

バランタイン・ファイネスト	700mℓ・40度・1,390円
バランタイン12年	700mℓ・40度・2,800円
バランタイン21年	700mℓ・40度・20,000円
バランタイン30年	700mℓ・40度・80,000円
バランタイン マスターズ	700mℓ・40度・5,000円
バランタイン ハードファイヤード	700mℓ・40度・2,300円

BELL'S

ベル

品質重視のブレンドが生んだ リッチでほどよく刺激的な味わい

ハイランドとローランドのほぼ境界線上に位置する街パースで生まれ、今でも英国内でもっとも売れているウイスキーがベルだ。創業者のアーサー・ベルは、1840年、パースの酒商にセールスマンとして加わり、後に共同経営者になるとともに1860年代にはブレンディングを始め、名ブレンダーとして活躍することに。〝品質をして語らしめる〞というのがポリシーで、熟成された品質の高い原酒によるブレンドにこだわる一方、長年ブランド名もつけず宣伝も行わなかったという。ベルズの名前で売り出したのは息子のAKで、1904年に「ベルズ・エクストラ・スペシャル」が登場する。1930年代には、今もベルの主要原酒となるブレア・アソールを始め、ダフタウン、インチガワーの蒸溜所を買収。ハイランドモルトを中心とした飲み口は、すっきりして風味豊か。ほどよくピート香も効きながらソフトで旨みがある。

DATA

製造元	アーサー・ベル&サンズ社
創業年	1895年
主要モルト	ブレア・アソール、ダフタウン、インチガワー、ブラッドノックなど
問合せ先	日本酒類販売(株)

LINE UP

現在日本での正規取扱いは「ベル スコッチ オリジナル」のみ

TASTING NOTE

ベル オリジナル

700mℓ・40度・1,966円

エクストラ・スペシャル

色	オレンジの強い琥珀色。
アロマ	アーモンド。木の香りが少し。バニラ、蜂蜜。
フレーバー	少しピートを感じる。甘い。若干の苦味。
全体の印象	しつこくなくてすっきり。飲みやすい。

シーバスリーガル

佳酒ストラスアイラが核の なめらかなスコッチのプリンス

シーバス・ブラザース社は、1801年、アバディーンの町に創業されたワインと食料品の店が前身。つねに変わらない、スムースで高品質なウイスキーを目指し、シーバス兄弟が至ったのは、充分に熟成された原酒を使うこと、そしてスペイサイドモルトの特徴を活かすこと。1870年代には自社ブランド「グレンディ」を出して評判となり、それが発展して1891年に誕生したのが「シーバスリーガル」だ。リーガルは「王家の」「極上の」という意味。熟成に対するこだわりから、1938年には世界初の〝12年熟成表示〟を行い、以後12年という酒齢は高級スコッチの一つの代名詞ともなった。核となる原酒はスペイサイドのストラスアイラで、1950年には蒸溜所を買収している。なめらかな口当りの中にハーブや蜂蜜、フルーツなどの複雑な風味が開き、かつ軽やかな味わい。「12年」は〝スコッチのプリンス〟とも称される。

TASTING NOTE

シーバスリーガル12年	
700mℓ・40度・オープン価格	
色	暖かみのある琥珀色。
アロマ	甘い香り。ハーブ、蜂蜜、フルーツ。
フレーバー	リッチでフルーティ、まろやかな舌触り。香りほど甘過ぎず、すいすい飲める。
全体の印象	ほんのりとした樽香の余韻。完成度が高く、モルト感はそれほどないが、旨味ははっきりしている。少し水を加えるとよりおいしい。

DATA

製造元	シーバス・ブラザーズ社
創業年	1858年
主要モルト	ストラスアイラ、グレンキース、ロングモーン、グレングラント、ザ・グレンリベットなど。
問合せ先	ペルノ・リカール・ジャパン(株)

LINE UP

シーバスリーガル18年 …700mℓ・40度・オープン価格

シーバスリーガル25年 …700mℓ・40度・オープン価格

シーバスリーガル ミズナラ18年 ……………………700mℓ・40度・オープン価格

など

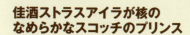

CUTTY SARK

カティサーク

快走する白い帆船のイメージ ライトでさわやかな風味が印象的

カティサークといえば、山吹色のラベルに白い帆船のマークが印象的だが、実際その名前は19世紀後半に中国から紅茶を運ぶレースで大活躍した、世界最速の帆船から取られたものだ。名付け親は画家のジェームズ・マクベイで、帆船の絵や「CUTTY SARK」の文字も彼の手描きによる。誕生は1923年、ロンドンのワイン商ベリー・ブラザーズ＆ラッド社が開発した自社ブランドだ。当初からアメリカ市場に向けて開発され、飲みやすいライトな味わいが特徴だ。当時主流だったカラメル着色もしない淡いナチュラルカラー。中心となる原酒はグレンロセスで、スペイサイドのモルトを中心に、穏やかなグレーンがブレンドされている。涼やかな柑橘系の香りとさわやかな風味が印象的だ。「オリジナル」はシリーズの原点ともいうべき商品。飲み口がよりスムースで、まろやかなブーケが香る。

DATA

製造元	ベリー・ブロス＆ラッド社
創業年	1698年
主要モルト	グレンロセス、ブナハーブン、マッカラン、タムドゥーなど。
問合せ先	バカルディ・ジャパン(株)

LINE UP

カティサーク プロヒビション
……………700mℓ・50度・2,850円(参考)

TASTING NOTE

カティサーク オリジナル	
700mℓ・40度・1,100円(参考)	
(18年)	
色	少し熟成した白ワイン。
アロマ	すがすがしく良い香り。花の香り、蜂蜜、大根おろし。
フレーバー	鼻に抜ける木の香り。飲み干した後にバニラ。少しネギ。
全体の印象	バランスが素晴らしい。ややドライだが、ほどよく軽くスモーキーで、後味は口中がさわやか。

DEWAR'S

デュワーズ

スパイシーでマイルドな味わいはアメリカで絶大な人気を誇る

パースのワイン&スピリッツ商として、ジョン・デュワー&サンズ社が設立されたのが1846年。創業者ジョン・デュワーはスコッチを初めてボトルに詰めて販売したことでも知られるが（それまでは量り売り）、その次男トーマスの活躍によって同社は成功を収めることになる。1880年代にはデュワーズの代名詞ともいえる「ホワイト・ラベル」を確立すると、その名を知らしめるべくロンドンに進出。お酒の見本市に突然キルト姿のバグパイパーを登場させて驚かせたり、才気溢れる営業力で評判を呼んだ。1890年代にはアメリカ市場を席捲し、国際的なネットワークを築いている。1896年には、自社ブレンドのための蒸溜所、アバフェルディを建設。そのモルトを中心に主にハイランドモルトをブレンドしている。特にアメリカ市場では現在も圧倒的な人気。その味わいはマイルドでスパイシー。甘く、モルティで、ほのかなスモーキーさも心地いい。

TASTING NOTE

デュワーズ ホワイト・ラベル	
700mℓ・40度・1,574円（参考）	
色	オレンジがかったゴールド。
アロマ	レモンピール。比較的穏やかな香り。
フレーバー	ドライだが、後から甘みがグワッと広がってくる。旨い。ほんのり苦味も。
全体の印象	甘み、辛さ、苦味のバランスよし。後から後からくる広がりが好印象。

DATA

製造元	ジョン・デュワー&サンズ社
創業年	1846年
主要モルト	アバフェルディ、オルトモーア、マクダフ、クレイゲラキなど。
問合せ先	バカルディ・ジャパン（株）

LINE UP

デュワーズ12年 ……… 700mℓ・40度・2,100円（参考）
デュワーズ18年 ……… 750mℓ・40度・8,450円（参考）
デュワーズ シグネチャー ……………… 750mℓ・40度・16,500円（参考）

ザ・フェイマス・グラウス

国鳥の"グラウス"が目印のスコットランドの人気ブランド

パースの食料雑貨商、マシュー・グローグによって1896年に完成されたウイスキーは、当初「グラウス・ブランド」と名付けられた。これが特に狩猟や釣りなどを楽しむ上流階級の人々に大人気を博し、「あの有名な雷鳥のウイスキーを」と注文されるように。そこで「ザ・フェイマス・グラウス」という名前に変更してしまったのだ。グラウスというのはスコットランドの荒野に生息する赤い雷鳥のことで、その国鳥でもある。地元スコットランドで人気が高く、今も英国では一、二を争う人気のウイスキーだ。その製法は昔から変わらず、マッカランやハイランドパークを中心とした40種以上のモルトをまずヴァッティング、その後厳選したグレーンをブレンドし、さらに最低6カ月ゆっくりマリッジされる。充分なマリッジによってろ過も軽くすみ、味わいはまろやかで深くなる。バランスのとれたコクとフルーティな風味が魅力だ。

DATA

製造元	ハイランド・ディスティラーズ社
創業年	1800年
主要モルト	マッカラン、ハイランドパーク、グレンタレット、タムドゥー、など。
問合せ先	レミー コアントロー ジャパン(株)

LINE UP

ザ・フェイマス・グラウス スモークブラック	700mℓ・40度・2,000円
ザ・フェイマス・グラウス メロウゴールド	700mℓ・40度・2,400円
ザ・ネイキッドグラウス	700mℓ・40度・2,800円

TASTING NOTE

ザ・フェイマス・グラウス・ファイネスト

700mℓ・40度・1,600円

色	黄色がかったゴールド。
アロマ	蜂蜜、コットンの匂い、甘い香り。おいしそうな予感。少し苦味のある香り。
フレーバー	味は芳醇で大きく広がる。熟成感。背景にほのかにシェリー香。
全体の印象	紅茶のような後味。後を引き、もうひと口と誘われる味わい。やや辛口。

GRANT'S

グランツ

フィディックと同じ三角ボトルのなめらかで伝統的な味わい

グランツの製造元、ウィリアム・グラント&サンズ社は、現在世界で一番売れているシングルモルト、グレンフィディックと同じ会社だ。ボトルを見れば、共通する三角柱の形がそれを示している。同社のブレンド会社としてのスタートはやや異色で、最初はモルトウイスキーの蒸溜所だった。ところが1898年、当時最大手のブレンド会社で最大の顧客だったパティソンズ社が倒産。経営の危機に直面して、自らブレンド事業に乗り出すことを決意したのだ。現在、同社はほかに、ザ・バルヴェニー、キニンヴィーのモルト蒸溜所、ローランドにはグレーンのガーヴァン蒸溜所を所有。「ファミリー・リザーブ」はこれらを中心に20～30種類のモルトと1～3種類のグレーンがブレンドされている。口当たりはなめらかで、スペイサイド特有の華やかな香りとライトスモーク、切れ味のよい風味に根強いファンが多い。

TASTING NOTE

グランツ・ファミリー・リザーブ

700mℓ・40度・1,390円

色	琥珀色。
アロマ	ドライレーズン。熟した果実の甘い香り、カラメル、チョコレート、ほどよいオーク香。
フレーバー	グレーンからくる軽やかでドライな口当たり、ほのかなピート香で、ミディアム・ボディ。
全体の印象	優れたブレンドによる全てが調和した香り。甘く終わるフィニッシュは長く心地よい。

DATA

製造元	ウイリアム・グラント&サンズ社
創業年	1886年
主要モルト	グレンフィディック、バルヴィニー、キニンヴィーなど
問合せ先	三陽物産(株)

LINE UP

グランツ18年……………………700mℓ・40度・6,300円

J&B

42種類の原酒をブレンド
爽快なピート香でライトな味わい

J&Bの名は、製造元のジャステリーニ&ブルックス社のイニシャル。イエローの地に赤の文字が鮮やかなラベルは、バーの棚で見つけやすいように考案されたという。同社は1749年にイタリアから恋人のオペラ歌手を追ってロンドンに来たというジャコモ・ジャステリーニによって創業されたのが始まり。J&B社も早くからブレンディッド事業に乗り出し、独自のブレンドを売り出した酒商の一つで、それは最初「クラブ」と名付けられた。「J&Bレア」の登場は1933年。同年アメリカの禁酒法が解除されるとともに、その市場に向けてつくられ、プロモーションされていたライトタイプのウイスキーは一気に人気を得た。J&Bレアには、ノッカンドウやタムデューなどのスペイサイドモルトを中心に36種のモルトと6種のグレーン、42種の原酒がブレンドされている。微かなスモーキーさを伴いながら、口当りがよく、フレッシュでフルーティ。バランスのとれた味わいが心地いい。

DATA

製造元	ジャステリーニ&ブルックス社
創業年	1749年
主要モルト	ノッカンドウ、タムデュー、シングルトン、グレン・スペイなど
問合せ先	キリンビール(株)

TASTING NOTE

J&Bレア	
700mℓ・40度・1,470円	
色	すごく薄いレモン水。
アロマ	アルコール感。遠くにピート。
フレーバー	ライトな甘み、後味に薬草の根。
全体の印象	全般にかなりライト。際立った特徴よりもマイルドなバランス。フレッシュ。フルーティ。

JOHNNIE WALKER

ジョニー・ウォーカー

ジョニ赤、ジョニ黒と親しまれる世界のベスト・セラー・ブランド

〝ジョニ赤〟〝ジョニ黒〟の愛称で親しまれる「ジョニー・ウォーカー赤ラベル」「同黒ラベル」の登場は1909年。ジョン・ウォーカー＆サンズ社の創業者、ジョン・ウォーカーの2人の孫ジョージとアレクサンダーの兄弟の手による。同時にトレードマークの「ストライディングマン」も誕生。赤いコートにシルクハットの英国紳士というユニークなキャラクターは、その後世界中で人気となった。1893年に同社のキーモルトといえるスペイサイドのカーデュ蒸溜所を買収。その原酒を核にアレクサンダーがブレンドしたのがジョニ赤、祖父ジョンがつくり出したレシピを発展させたものがジョニ黒だ。ジョニ赤は世界で最も売れているブランドで、心地いいスモーキーさと華やかな香りが身上。12年熟成以上のモルトをブレンドしたジョニ黒は豊かな香りとコクが楽しめる。

DATA

製造元	ジョン・ウォーカー＆サンズ社
創業年	1820年
主要モルト	カーデュ、モートラック、タリスカー、ラガヴーリン、クライヌリッシュ、ロイヤル・ロッホナガーなど
問合せ先	キリンビール(株)／MHDモエ ヘネシー ディアジオ(株)(ブルーラベル)

LINE UP

ジョニー・ウォーカー赤ラベル	700mℓ・40度・1,560円
ジョニー・ウォーカー グリーンラベル15年	700mℓ・43度・4,500円
ジョニー・ウォーカー ゴールド ラベル リザーブ	750mℓ・40度・4,710円
ジョニー・ウォーカー ブルー ラベル	750mℓ・40度・18,900円

など

TASTING NOTE

ジョニー・ウォーカー黒ラベル12年

700mℓ・40度・2,680円

色	ほうじ茶。黄色の強い琥珀色。
アロマ	とても華やか。花のような香り。時間が経つとピーティさが前に出てくる。
フレーバー	少し辛口。力強くて男性的。ダシが効いている感じ。
全体の印象	辛さもほどよく、後を引く。ずっと飲んでいられそう。

OLD PARR

オールドパー

厚いボディにスモーキーな香味 “時代が変わっても変わらない”

「オールドパー」の名前は、15世紀から17世紀にかけて、なんと152歳9か月を生きたといわれる英国の農夫、トーマス・パーにちなんだものだ。初婚が80歳で1男1女をもうけ、112歳で妻と死別するが、122歳で再婚。10人の王の時代を生きたという。この長寿にあやかり「時代がどんなに変わろうとも変わらぬ品質を約束する」と名付けられた。登場は19世紀後半、グリーンリース・ブラザーズ社による。ちなみに、岩倉具視を特命全権大使とする欧米視察団が1873年に帰国したとき、発売間もないオールドパー数ケースを持ち帰ったという話もあり、これが日本に入ってきた最初だとの説も。ブレンドはスペイサイドのクラガンモア蒸溜所のモルトを主軸とし、ほとんどがスペイサイドモルトを使用。しっかりとピート香がのり、コクのある深い味わいを醸し出している。

DATA

製造元	マクドナルド・グリンリース社
創業年	1871年
主要モルト	クラガンモア、グレンダランなど
問合せ先	MHD モエ ヘネシー ディアジオ(株)

LINE UP

オールドパー シルバー ……750mℓ・40度・2,578円
オールドパー クラシック18年 ……………………750mℓ・46度・8,952円
オールドパー スーペリア ……750mℓ・43度・6,010円

TASTING NOTE

オールドパー12年	
750mℓ・40度・3,191円	
色	ダージリンティ。
アロマ	奥の方に蜂蜜やフルーツ、ラムレーズン、たくさんのものが見え隠れしている。
フレーバー	甘く、濃く、輪郭のはっきりした味。モルト感、苦味もあり、魅力的。
全体の印象	どっしりとして貫録充分。ブレンディッドの中でも旨味がよく出て、バランスがいい。

ROYAL HOUSEHOLD

ロイヤル・ハウスホールド

一般に飲めるのは日本だけ 英王室御用達の気品漂う逸品

ロイヤル・ハウスホールドとは「英王室」を指す言葉。この格調高い名前のきっかけは、1897年、当時自社ブランドが英国下院の公式ウイスキーにもなっていたジェームズ・ブキャナン社が王室の依頼を受け、皇太子(後のエドワード7世)専用のブレンディッド・ウイスキーを作ったことにある。それは高い評価を受け、翌年正式に〝王室御用達〟の認定を得た。由緒ただしいこのスコッチは飲める場所が限られ、一般に飲めるのは実は世界でも日本だけだ。昭和天皇が皇太子時代にイギリスを訪れ、英王室からプレゼントされたのが縁で、以来今日まで、日本だけで特別に販売が許可されているのだ。ブレンドにはハイランドのダルウィニーなどを核に、どれも希少価値が高い特別に選りすぐられたモルトとグレーン原酒45種以上が使われている。軽く洗練されたタッチで、上品に甘く消えていく、リッチで気品漂う味わいだ。

TASTING NOTE

ロイヤル・ハウスホールド	
750mℓ・43度・34,000円	
色	薄く黄色がかった明度の高いゴールド。
アロマ	コルク？ レモン、サツマ芋のような穀物。砂糖菓子。
フレーバー	シトラス、ジンジャー。クリーミー。塩気もある。加水すると甘さが出るが甘すぎない。
全体の印象	舌の上に絡みつくような濃厚な酒質。品のいいバランス。フィニッシュは長く続く。

DATA

製造元	ジェームズ・ブキャナン社
創業年	1897年
主要モルト	ダルウィニー、グレントファース、グレンダラン、タリスカーなど
問合せ先	MHD モエ ヘネシー ディアジオ(株)

ROYAL SALUTE

ローヤルサルート

エリザベス女王の戴冠を祝した 21年熟成の最高級スコッチ

〝ローヤルサルート〞とは王室の行事などで英海軍が敬意を表して撃ち鳴らす「皇礼砲」のこと。これは1953年、現英国女王エリザベス2世の戴冠式を祝し、シーバス・ブラザース社から発売された特別なウイスキーだ。空砲が21回撃ち鳴らされることから、熟成21年以上の原酒だけがブレンドされた。当初はその時だけの記念限定品だったが、その出来映えのよさと人気から、引き続き製造されることに。ボトルは18世紀に稀少な酒に使われたという陶製容器をモチーフに特別にデザインされ、青、赤、緑の3色は英国王の王冠を彩る宝石を表すものだ。シーバスリーガルと同様、核となる原酒はスペイサイドのストラスアイラ。上質なオーク樽で21年の熟成に耐えた、極めて稀少で贅沢なモルトとグレーン原酒のみがブレンドされる。その味わいは円熟の極みを感じさせ、なめらかで甘く深いコクを持ち、最高級の名に値するものだ。

DATA

製造元	シーバス・ブラザーズ社
創業年	1801年
主要モルト	ストラスアイラなど
問合せ先	ペルノ・リカール・ジャパン(株)

LINE UP

※ボトルカラーは他に赤、緑あり

TASTING NOTE

ローヤルサルート21年青

700㎖・40度・オープン価格

色	きれいな琥珀色。
アロマ	上品な甘い麦の香り。主張は強くないが、どんどん香りが広がってくる。
フレーバー	やわらかい。甘いが、しつこくなく、スーッと入っていく。口いっぱいに甘さが広がる。
全体の印象	アルコールがなめらか。すいすい飲めてしまう。

WHITE HORSE

ホワイトホース

ラガヴーリンをキーモルトに
アイラとスペイサイドが出会う

ホワイトホースは、グラスゴーの酒商ピーター・マッキーによって1890年に誕生したブランドだ。その名称と白馬のマークは、エジンバラにあった古い酒場兼旅館〝ホワイトホース・イン〟に由来する。ここがかつてスコットランド独立軍の定宿で、自由独立の象徴とされていたためで、その名前をいただいたのだ。彼はまたラガヴーリン蒸溜所のオーナーでもあり、このスコッチが特徴的なのは、ブレンドの中核にこの個性の強い、ピーティでスモーキーなアイラモルトを使ったことだ。そこにその後やはり同社の所有となるスペイサイドのクレイゲラヒ、グレンエルギンといった甘くフルーティな風味が加味され、独自の味わいが生み出された。ホワイトホースはまた、初めてスクリューキャップを導入したブランドでもある。時代とともにややマイルドに変わっているが、アイラ独特のスモーキーさを残しつつ、コクがありなめらかな味わいだ。

TASTING NOTE

ホワイトホース・ファインオールド

700mℓ・40度・1,260円

（ 12年 ）

色	濃いほうじ茶
アロマ	エシャロット、ニッキ。香りはどんどんよくなってくる。強いピート香。はっきりと蜂蜜。
フレーバー	蜂蜜、どんどんメープルシロップ。
全体の印象	ピート香はどんどん薄れ、後ろはメープルシロップ。アイラ、スペイサイド、再びアイラと時間で変化。

DATA

製造元	ホワイトホース・ディスティラーズ社
創業年	1890年
主要モルト	ラガヴーリン、クレイゲラヒ、グレンエルギンなど
問合せ先	キリンビール(株)

LINE UP

ホワイトホース12年 …………700mℓ・40度・2,080円

ホワイト&マッカイ

〝ダブルマリッジ〟が生む 芳醇ななめらかさが魅力

〝ダブル・ライオン〟の紋章が印象的なホワイト&マッカイは、1882年、ジェームズ・ホワイトとチャールズ・マッカイが前身の会社を引き継ぎ、2人の名前を合わせた新会社としたことに始まる。そのスコッチを語るのに欠かせないのは、当時から現在まで、同社がこだわり、受け継ぎ続ける〝ダブルマリッジ〟という手法だ。まず選び抜いた35種類以上のモルト原酒をヴァッティングしてシェリー樽で数カ月後熟（1stマリッジ）。その後そこへ6種のグレーン原酒をブレンドし、再びシェリー樽で後熟（2ndマリッジ）が施される。こうした2段階の、シェリー樽を使ったていねいな後熟によって、そのウイスキーは赤く深みのある琥珀色を帯び、メローで極めてなめらかな口当りと、変わらぬ味わいを得るのだ。深い熟成感へのこだわりは、熟成年数のアップとともにより奥行きを増して感じることができる。「スペシャル」はマスターブレンダー、リチャード・パターソン氏によるオリジナルブレンド。

WHYTE AND MACKAY

DATA

製造元	ホワイト&マッカイ社
創業年	1882年
主要モルト	ダルモア、フェッターケアンなど
問合せ先	（株）明治屋

TASTING NOTE

ホワイト&マッカイスペシャル

700㎖・40度・2,270円

色	赤味が強く、ダージリンティのよう。
アロマ	樽香が強め。甘い。ドライフルーツの香り、少しピートのような土臭さ。
フレーバー	シェリー香、レーズン。甘い。木の香が鼻に抜ける。
全体の印象	上品で女性的。エレガントいう言葉が似合う。

スコッチ・ウイスキーの蒸溜からボトリングされるまでの相関図

スコッチ・ウイスキーの場合、実は蒸溜からボトリング（製品化）されるまでにはいろいろなパターンがある。シングルモルトとブレンディッドの違い。あるいは、オフィシャル・ボトルとインディペンデント・ボトラーズによるもの。一度整理しておこう。

オフィシャル・ボトル

蒸溜所自体、もしくはその親会社グループの所有する施設でボトリング。
単一の蒸溜所のモルト・ウイスキーのみをボトリングしたもの。

シングルカスク
選ばれた一つの樽からのみからボトリングしたもの。

A蒸溜所（モルト・ウイスキー）

B蒸溜所（モルト・ウイスキー）

C蒸溜所（グレーン・ウイスキー）

ex. スキャパ
ex. ストラスクライド
ex. アードベッグ

（独立瓶詰め業者）
各蒸溜所から樽（原酒）を買い付け、独自で熟成。自社ブランドとしてボトリング。シングルカスク、カスクストレングスが多い。
ex. ゴードン＆マクファイル社

ブレンド業者
現在では、いくつかのモルト・ウイスキー蒸溜所とグレーン・ウイスキー蒸溜所を所有する親会社のもとにグループ化しているところが多い。
ex. ジョージ・バランタイン＆サン社

ボトラーズ・ブランド
独自のシリーズ名などのもとに、いろいろな蒸溜所のモルトをボトリング。
ex. コニサーズチョイス・アードベッグ 1991

ブレンディッド・ウイスキー
複数の蒸溜所のモルト・ウイスキーと、複数のグレーン・ウイスキーをブレンドしてつくられる。
ex. バランタイン

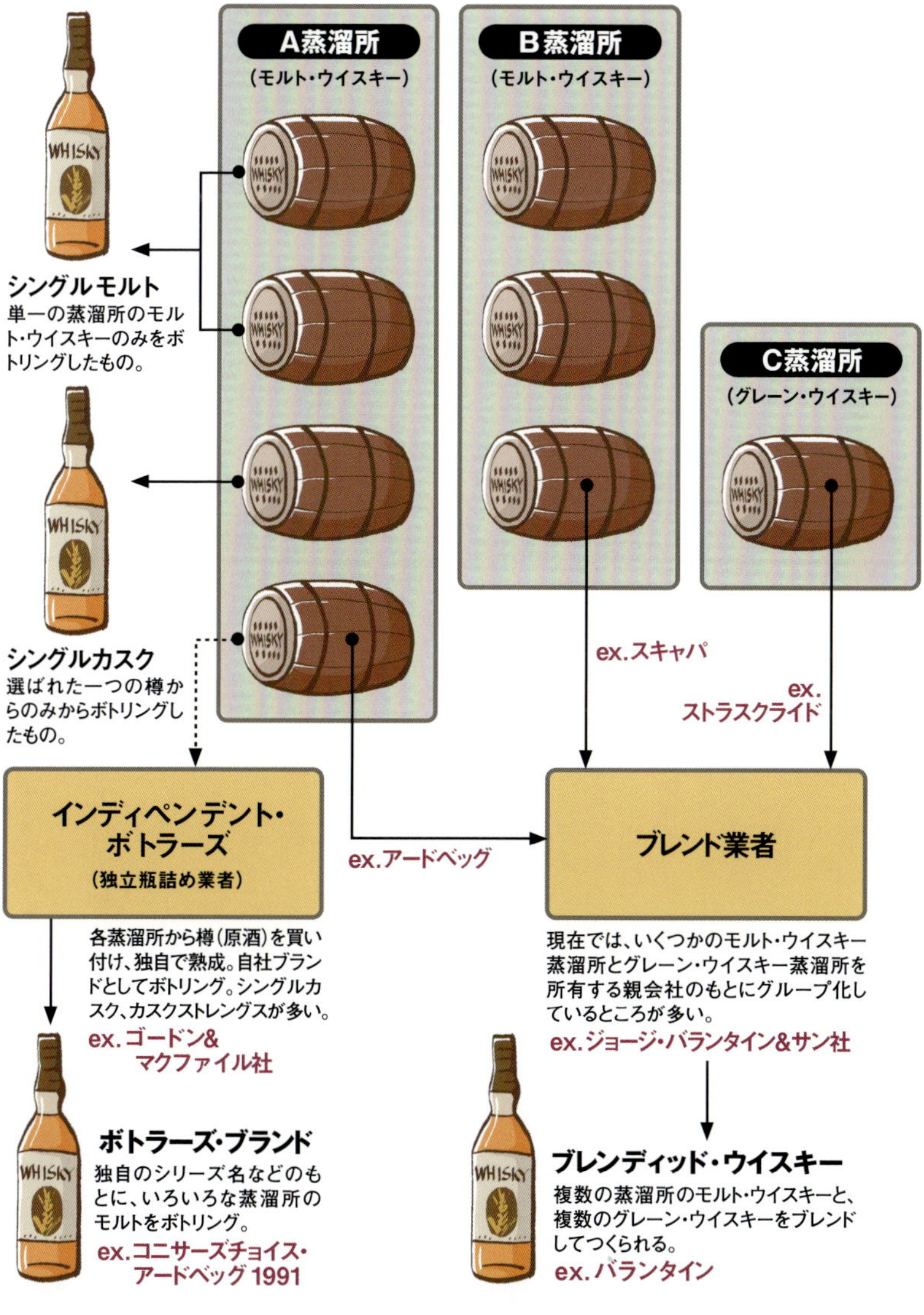

Irish Whisky

アイリッシュ・ウイスキーを知る

アイリッシュ・ウイスキーとは？

3回蒸溜で、ピートを焚かず軽くて飲みやすく、大麦の芳香が印象的

それぞれに個性的な3つの蒸溜所がつくる

ウイスキーについての最古の記録は、1172年のヘンリー2世のアイルランド遠征で記されており、アイリッシュ・ウイスキーは歴史的にもっとも古いウイスキーといわれている。

アイルランド島は、グレート・ブリテン島の西に位置し、現在は、南のアイルランド共和国とイギリス領の北アイルランドに分かれるが、この島全体でつくられるウイスキーが、アイリッシュ・ウイスキーである。古い歴史を持つアイリッシュだが、現在はいくつものブランドが合流して全島に3ヶ所だけしか蒸溜所がない。北に世界最古の蒸溜所といわれるブッシュミルズ、南部のコークの近くにあるミドルトン蒸溜所、北アイルランドとの国境近く、ダンダークの郊外に比較的新しいクーリー蒸溜所の3つである。

アイリッシュ・ウイスキーの特徴は、一般的には大型の単式蒸溜器による3回蒸溜で、原料には未発芽の大麦を主体に、小麦、ライ麦などと糖化のための大麦麦芽が使われる。麦芽にはピートを焚き込まない。蒸溜はアルコール分が平均85度と高濃度なため、雑味が少なく、総じてスコッチより軽く飲みやすい。また、大麦を中心とした穀物の豊かな芳香性も持ち合わせている。こうした製法による原酒は、アイリッシュ・ストレート・ウイスキーと呼ばれる。それをヴァッティングしてそのまま商品化する場合もあるが、現在は、これと、トウモロコシを主体としたグレーン・ウイスキーをブレンドしたものが多い。一般的には、こちらがアイリッシュ・ウイスキーと呼ばれている。より軽く、すっきりした味わい。

近年は、2回蒸溜でピートを焚いた麦芽を使用したものや、いろいろな穀物を混ぜて蒸溜したグレーンを使ったりなど新しい試みも目立つ。また、かつての名門蒸溜所の名前が復活されたりする中で、アイリッシュ・ウイスキーのスタイルはかなり多様化してきている。

アイリッシュ・ウイスキーの蒸溜所

ブッシュミルズ蒸溜所

北アイルランドにある世界最古の蒸溜所(1608年創設)。蒸溜所すべてのウイスキーが３回蒸溜。伝統的な製法とさまざまな樽による熟成で、まろやかでさわやかな風味のウイスキーをつくる。

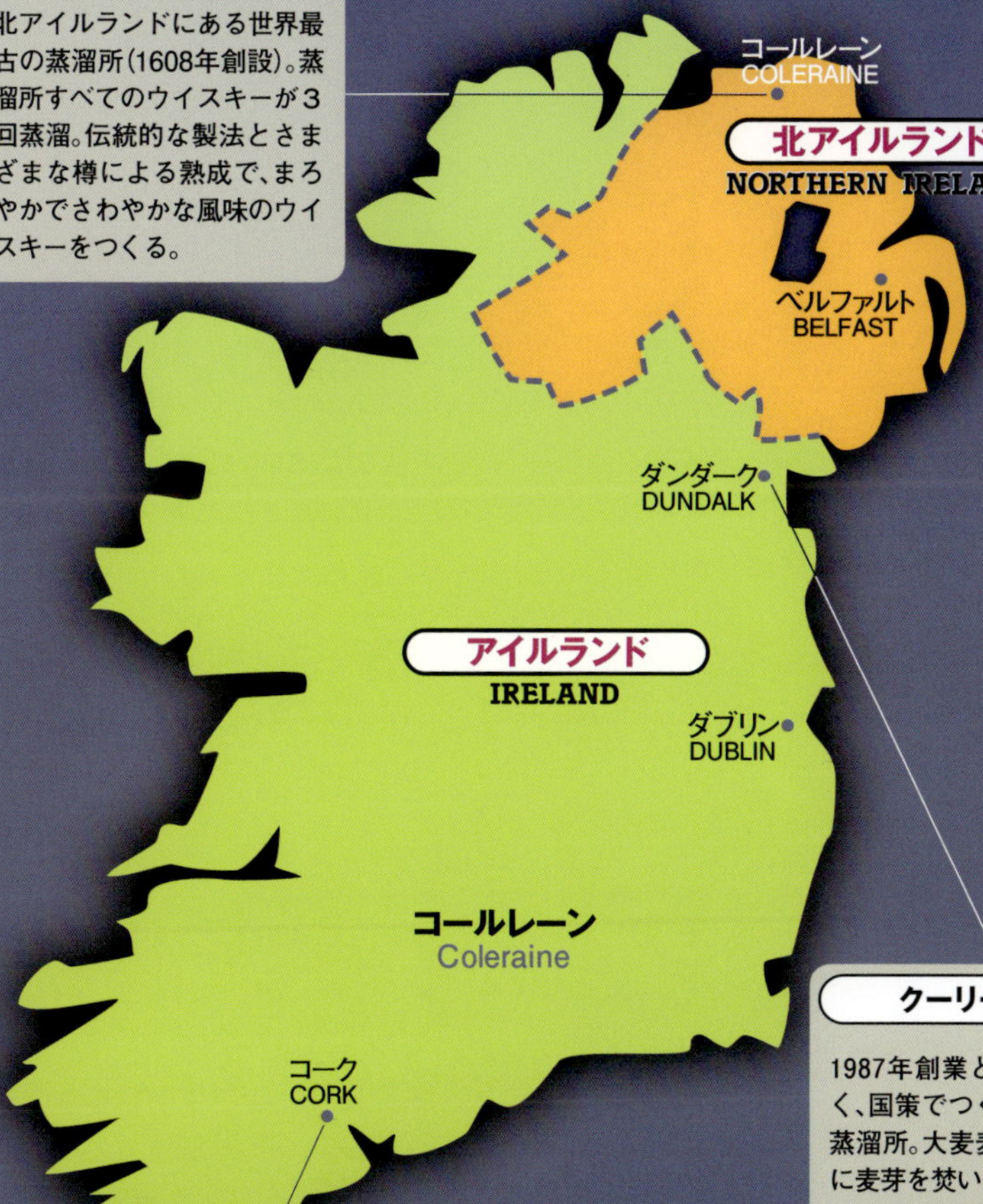

クーリー蒸溜所

1987年創業ともっとも新しく、国策でつくられ独立系の蒸溜所。大麦麦芽だけを原料に麦芽を焚いたカマネラをはじめ、マギリガン、グリーン・スポット…など、意欲的に多くの銘柄の蒸溜をしている。

ミドルトン蒸溜所

アイルランドの蒸溜所が集まったIDG(アイルランド・ディスティラーズ・グループ)の中心的な蒸溜所。世界最大のポットスチルを持ち、ジェムソン、タラモア・デューをはじめさまざまな銘柄を出している。

アイリッシュ・ウイスキーの種類

アイリッシュ・ストレート・ウイスキー

大麦麦芽、小麦、ライ麦、大麦麦芽を原料に、基本的に単式蒸溜器の３回蒸溜で蒸溜し、３年以上熟成させる。穀物の芳香があり、なめらかな舌ざわり。多くはブレンディッドの原酒として使われる。

アイリッシュ・ウイスキー(ブレンディッド)

アイリッシュ・ストレート・ウイスキーを原酒として、グレーン・ウイスキーをブレンド。より軽く、すっきりした味わいで、現在のアイリッシュの主流はこちら。

アイリッシュ
ウイスキー
カタログ

Irish
Whiskey
Catalog

BUSHMILLS

ブッシュミルズ

世界最古の蒸溜所が生み出す アイリッシュを代表する1本

ブッシュミルズとは「林の中の水車小屋」という意で、北アイルランドのアントリム洲にある町の名。1608年、イングランド王ジェームズ1世から蒸溜免許を受け、この地で創業した同蒸溜所は、現存する世界最古の蒸溜所としてよく知られている。ここで生み出されるウイスキーは、原料にノンピート麦芽、熟成にシェリーやバーボンの空き樽などを使用し、スコッチ・ウイスキーの作り方と変わりがないが、蒸溜は伝統的なアイリッシュ・ウイスキーの製法通り、3回行われる。ブレンディッドが主流のアイリッシュ・ウイスキーの中で、エイジング・シングル・モルトが作られているのも特徴的。「モルト10年」はバーボン樽で10～12年熟成され、シェリー、バニラ等の甘やかでスパイシーなアロマが魅力的な辛口の酒。余韻の長さも十分に味わい深い。

DATA

製造元	ジ・オールド・ブッシュ・ディスティラリー社
設立年	1608年
生産地	Bushmills, county Antrim（北アイルランド）
	http://www.bushmills.com/
問合せ先	アサヒビール（株）

LINE UP

- ブッシュミルズ……………………700mℓ・40度・1,790円
- ブッシュミルズ ブラックブッシュ……………………700mℓ・40度・4,930円
- ブッシュミルズ シングルモルト16年……………………700mℓ・40度・12,250円
- ブッシュミルズ シングルモルト21年……………………700mℓ・40度・25,650円

TASTING NOTE

ブッシュミルズシングルモルト10年

700mℓ・40度・6,990円

色	濃い琥珀色。
アロマ	果実香。クチナシの花、バニラ。バーボンの樽香が強い。シェリー香も。
フレーバー	麦。少しスパイシー。ぶどうの皮。青リンゴ。
全体の印象	余韻が長く、後から甘さやほろ苦さ、果実香がどんどん広がる。最初にバーボンの印象から変化が続く。

CONNEMARA

カネマラ

スコッチを思わせるピート香は古き良きアイリッシュ、復刻の味

現在稼働しているアイルランドの蒸溜所は3カ所あるが、最も歴史が新しいのがクーリー蒸溜所である。1987年、政府の国策でアイリッシュ産のウイスキーの独立企業をつくろうということになり、ジョーン・ティーリング氏が400万ポンドを投じてダンダークに創業。1992年から製品のリリースが始まった。カネマラがユニークなのがそのスモーキーなフレーバー。今でこそアイリッシュ・ウイスキーは基本的にピート香がついていないが、19世紀初頭はターフ炭のピート香を持つのが普通だった。カネマラはその現代復刻版として誕生し、ターフ炭を掘り出す土地の名をつけられた。ピート香はアイラモルトに比べて穏やかで、ドライシェリーのようなさわやかな風味が楽しめる。「カネマラ」には4年、6年、8年と熟成年数の異なるモルト原酒がブレンドされ、ピートのアロマに加え、フルーティな香りも際立つ。

DATA

製造元	クーリー・ディスティラリー社
設立年	1987年
生産地	Riverstown,Dundalk（アイルランド）
	http://www.cooleywhiskey.com/
問合せ先	サントリーホールディングス（株）

LINE UP

カネマラ12年 ……………700mℓ・40度・9,700円

TASTING NOTE

カネマラ	
700mℓ・40度・4,200円	
（カスク・ストレングス 59.6度）	
色	白ワイン、フィノシェリーを思わせる。
アロマ	ピート香、かすかにチーズの匂い。メンソール、スモークチーズ、ベニア板。
フレーバー	甘い、辛いが連続して現れる。麦、好ましい酸味。少しセロリっぽい感じ。
全体の印象	香りからは想像のつかない味。フィニッシュはタマネギの甘み。度数は感じさせない。

TASTING NOTE

ジェムソン スタンダード

700mℓ・40度・2,071円

色	きれいなゴールド。
アロマ	クリーンですっきりとしている。
フレーバー	極めてスムースな味わい。引っかかりはほとんどなく、スルスル入る。ほのかに甘い。
全体の印象	加水しても印象の変化はほとんどない。3回蒸溜のクリーン&スムースな印象がやはり大きい。

JAMESON

ジェムソン

繊細でまろやかに生まれ変わった アイリッシュのベストセラー

1780年、ダブリンでジョン・ジェムソンによって創業されたジェムソン社。当初、モルトと未発芽大麦を単式蒸溜器を使って3回蒸溜、熟成させた重厚で香味豊かなウイスキーをつくり、19世紀末にはアイルランドでは確固たる名声を得た。しかし、第二次大戦後、世の中がライト志向に移りゆく中、旧来の伝統的製法を守り続けようとしたため、1971年には創業停止の危機を迎えることになる。そこで、グレーンウイスキーをブレンドした「ノース・アメリカン・ブレンド」を1974年に開発。繊細でまろやかな味わいと飲みやすさが受け入れられ、今日のジェムソンはアイリッシュ・ウイスキーのベストセラー・ブランドとなっている。大麦はすべてミドルトンから100マイル以内で育ったもの、水は蒸溜所の敷地を流れるダンガーニー川からと、地元産の原料を使用。伝統の3回蒸溜とともになめらかさを生み出している。

DATA

製造元	ジョン・ジェムソン&サン社
設立年	1780年
生産地	Midleton, county Cork(アイルランド)
問合せ先	ペルノ・リカール・ジャパン(株)

LINE UP

ジェムソン カスクメイツ ………700mℓ・40度・2,500円
ジェムソン ブラック バレル ….700mℓ・40度・3,243円

MIDLETON VERY RARE

ミドルトン ヴェリー レア

毎年50樽のみがボトリングされる限定生産のプレミアム・ウイスキー

世界最大のポットスチルを所有するミドルトン蒸溜所は、アイリッシュ・ディスティラーズ・グループの主力となる蒸溜所である。そこから幾多のウイスキーが作り出されているが、そのフラッグシップともいえるのがミドルトン ヴェリー レアで、1984年から発売されている限定生産のプレミアム・ウイスキー。毎年熟成のピークに達した50樽のみが選ばれ、1975年の新蒸溜所操業開始以来の古酒とバーボン樽で12年以上熟成した原酒をブレンド、ボトリングされる。ラベルにはボトリングされた年の年号と、品質を保証する蒸溜責任者バリー・クロケット氏のサイン、製造番号が刻印されている。ピートでの香り付けを行っていないため、タフィーやナツメグの香味豊かで、麦芽の風味と深いコクが楽しめる。年度ごとに風味に微妙な差があるため、飲み比べる面白さもある。

DATA

製造元	ザ・ミドルトン・ディスティラリー社
設立年	1825年
生産地	Midleton, county Cork（アイルランド）
問合せ先	サントリーホールディングス（株）

TASTING NOTE

ミドルトン ヴェリー レア

700mℓ・40度・28,000円

色	オレンジが強い、飴色。
アロマ	マンゴー、マスカット、南国フルーツ。小麦粉。少しウッディな感じ。甘い香り。
フレーバー	パパイヤ、マスカット、味にも南国フルーツ。熟成感もしっかりあって濃厚。
全体の印象	フルーツ香が心地よく長く残る。おいしい。

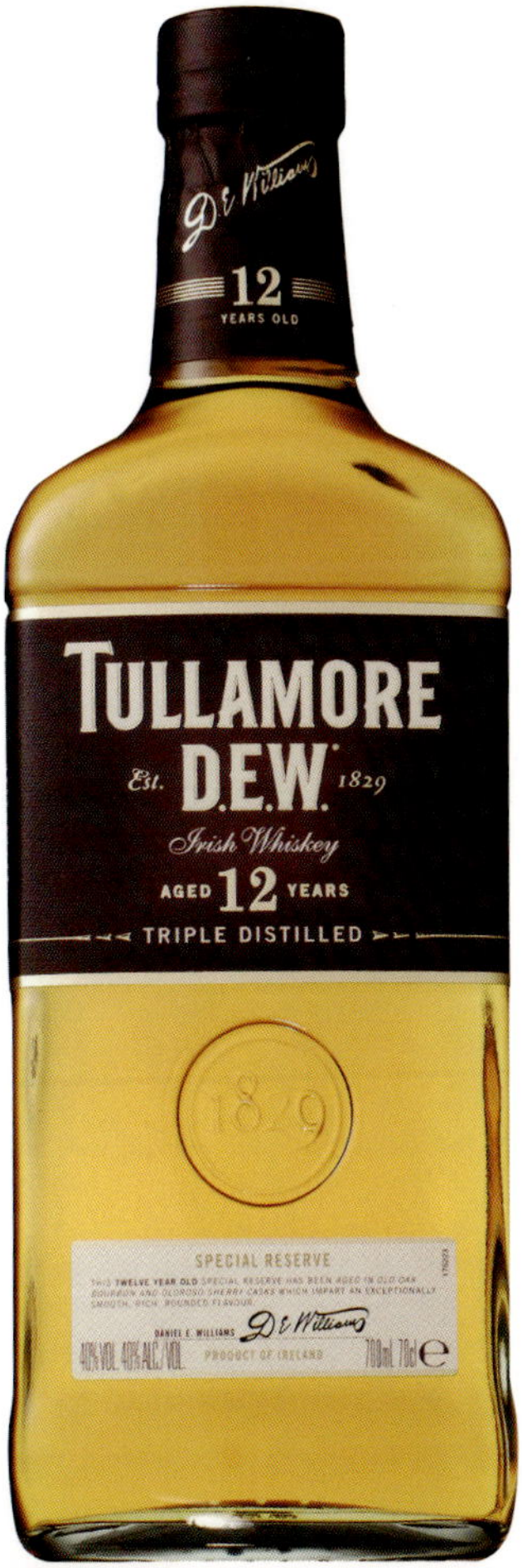

TULLAMORE DEW

タラモアデュー

飲み口はライト&スムース
大麦の自然な風味が香る

タラモアとはアイルランド中部にある町の名前で、1829年、マイケル・モロイによって蒸溜所が創設され、町の名前をブレンド名としたウイスキーが発売された。デュー(Dew)とは「露」の意で、蒸溜所が飛躍的に発展した時代の経営者、ダニエル・E・ウイリアムズが自身の名前のイニシャル「DEW」を添え、ブランド名を「タラモアの露」へと変更した。蒸溜所は1954年に閉鎖され、現在は、ミドルトン蒸溜所で製造されている。スタンダードは創業当時から変わらないライト&スムースな飲み口で、根強いファンが多く、ピートでの香り付けがされておらず、大麦のナチュラルなフレーバーが楽しめる。「12年」はバーボン樽とシェリー樽で12年以上熟成させた原酒をバランスよくブレンド。複雑な香りと良質なシェリーの甘みをもったリッチなボディで、フィニッシュも長い。

TASTING NOTE

タラモアデュー12年	
700mℓ・40度・3,800円	
(タラモアデュー)	
色	淡い紅茶色。
アロマ	化粧水(好ましい)。麦芽、穀物系の甘い香り、微かにオレンジ果汁。
フレーバー	ほどよい甘みのある化粧水。ライト。アルコール感。木の香り、少しバタークリーム。
全体の印象	香りと味が同じ。フィニッシュに樽香と旨味。ナチュラルでスムース。

DATA

製造元	タラモアデュー社
設立年	1829年
生産地	Midleton, county Cork(アイルランド)
問合せ先	サントリーホールディングス(株)

LINE UP

タラモアデュー ………………700mℓ・40度・2,000円

シングルモルトを巡る旅

Part ❷

スペイサイド編

なだらかな美しい渓谷に香しい数々の美酒

❶

❷

〝約束の地〟で与えられたスペイサイドモルトの魅力

起伏が多く、荒涼として広がる大地に目を奪われつつハイランドに車を走らせる。やがてA95号線を東北方向にスペイサイドへと入っていくと、一転、今度はどこかのどかな、ほっとするような風景に包まれる。ウイスキー好きにとって特別な場所、スペイサイドは、なだらかな渓谷と丘陵、自然に囲まれた美しいエリアだ。

スペイサイドは、その名前の通り「スペイ川沿い」を中核にしたエリアだ。西はフィンドーン川が流れ込むフォレス、東はデヴェロン川流域のハントリー、南はグランタウン・オン・スペイを基準に、それぞれ延長線を延ばして囲まれた地域がほぼそれにあたる（P122地図参照）。

ハイランドの中でもごく限られたエリアだが、ここにスコットランドの全蒸溜所のほぼ半分にあたる、約50の蒸溜所が集中している。そしてなによりスペイサイドには数多くの美酒が存在する。スペイサイドモルトの特徴を概していうなら、香り高く、エレガント。花やフルーツ、クリームを思わせる香りに、軽いスモーキーさがあり、複雑だがバランスがいい。もちろん、各々のモルトにはそれぞれの個性があり、その広がりと出会うのもまた大きな楽しみだ。

ではなぜスペイサイドにそのような酒が生まれたのか。まずはピュアで軟らかな水に恵まれていたこと。スペイサイドは背後に山々を控え、その雪解け水は、ピートとヘザーに覆われた大地を下ってこの地へと流れ込む。花こう岩質の岩肌を抜けた水は典型的な軟水で、しかもその途上、ヘザーやピートの香りを色濃く閉じ込める。この水こそスペイサイドのフレーバーに欠かせないものなんだ、と多くの人が語る。もちろんそれだけではない。麦芽を乾燥させ、スチルを焚くための燃料であるピート、原料である大麦にも恵まれていた。

❶ダフタウンにあるバルヴィニー蒸溜所。なだらかな中にも起伏のある土地に隠れるようにある様子は、いかにもスペイサイドらしい。

❷スペイサイドには麦畑も多い。なかでもモレイ湾の沿岸域は大麦の大生産地だ。収穫が終わった麦の穂以外の部分は、こうして丸められ、袋に詰め置かれ、天然のたい肥となる。

❸グランピオン山地に端を発するスペイ川は、全長約150㎞のスコットランド第2の河川。自然の景観そのままに大きくうねりながらモレイ湾へと注ぎ込む。流れは速い。

❹川の水は清冽で澄んでいるが、ピートに染まって黒く見える。こうした川へと流れ込む一帯の水こそスペイサイドモルトの〝マザー・ウォーター〟である。

4

3

1 アベラワー蒸溜所／ABERLOUR
2 バルヴィニー蒸溜所／BALVENIE
3 ベンローマック蒸溜所／BENROMACH
4 カーデュ蒸溜所／CARDHU
5 クラガンモア蒸溜所／CRAGGANMORE
6 ダラス・ドゥ蒸溜所／DALLAS DHU
7 グレンファークラス蒸溜所／GLENFARCLAS
8 グレンフィディック蒸溜所／GLENFIDDICH
9 グレン・グラント蒸溜所／GLEN GRANT
10 ザ・グレンリベット蒸溜／THE GLENLIVET
11 グレンロセス蒸溜所／GLENROTHE
12 インチガワー蒸溜所／INCHGOWER
13 ノッカンドゥ蒸溜所／KNOCKANDO
14 リンクウッド蒸溜所／LINKWOOD
15 ロングモーン蒸溜所／LONGMORN
16 ザ・マッカラン蒸溜所／THE MACALLAN
17 モートラック蒸溜所／MORTLACH
18 ストラスアイラ蒸溜所／STRATHISLA
19 スペイサイド・クーパレッジ／SPEYSIDE COOPERAGE

18世紀、イングランド政府による重税に反発し、ウイスキー製造者たちは一斉に山奥や遠隔地へと逃亡した。そもそも彼らが密造に絶好の場所として選んだのがこの地だ。そしてそれは、図らずも、ウイスキーにとって約束された地だったというわけである。さらにいえば、この密造の時代に、税収官の目を逃れるためにシェリーの空き樽に入れて隠したウイスキーが素晴らしい変化を遂げる。ウイスキーは琥珀色を獲得したのだ。

スペイ川といえばサーモン・フィッシングでも有名な急流で、自然のままの景観に、変わらぬ清流がみごとだ。ピートを含んで黒く見える水が印象的でもある。あたりは静かで、のどかな山あいの自然に目をやると、ここに流れ込む水に閉じ込められたであろう数多くの香りにも思いが広がっていく。歴史が与えたもの、自然が与えたもの、そしてその酒に誇りを持つ人々の思い。スペイサイドの美酒には、間違いなくウイスキーの魅力が思いきり詰まっている。

その名も"SPIRIT OF SPEYSIDE"。ダフタウンからキースへ、今は夏の間だけ観光のために走る。19世紀以降のスペイサイドの大きな発展には、実は今はなき鉄道が寄与したところが大きい。

グレンファークラス蒸溜所

GLENFARCLAS DISTILLERY

直火焚き、こだわりのシェリーカスク “やり方”は何も変わらない

❶石造り、土の床、2本の木の柱を渡して積み重ねていくダンネージ方式。「電灯が付いた以外は150年何も変わってない」という伝統的な熟成庫には'50年代からのモルトが眠る。

❷熟成庫を案内してくれたのはディスティラリー・マネジャーのジョン・ミラー氏。'78年に樽職人としてスタートし、すべての工程に精通した彼は、グレンファークラスの熟成の責任者でもある。

数あるスペイサイドモルトの中でも、グレンファークラスはつねに高い評価を受け続けてきたものの一つだ。しっかりしたボディの中に、シェリーの甘さやドライフルーツ、微かなピーティさがあり、複雑だけどなめらか。一方で彼らは、今では数少ない一族による独立経営の蒸溜所でもあり、昔ながらの伝統的な方法にこだわりを持ち、その味わいに誇りを持っている。１８６５年以来、蒸溜所はグランツ家によって経営され、前チェアマン、ジョン・グラント氏がその5代目にあたる。

数々のこだわりの中でも、特徴

①

③

②

的な一つは、直火焚きのポットスチルだ。スペイサイドで1番大きなボール型で、内部にはラメジャー(写真⑤参照)も付いている。

「直火焚きは確かに手入れも面倒だし、効率もいいものではない。消耗も激しい。でも個性を変える可能性が高いことはしたくない。昔通りのやり方で同じ味を出すのがこの蒸溜所の務めなんだ」

こう教えてくれたのはセールス・ディレクターのロバート・ランソン氏だ。新しいものを取り入れることに躊躇があるわけではなく、実際、70年代にはスチームによる間接焚きも数ヶ月間テストしてみた。結果的には、はるかに大きな差があったのだという。

グレンファークラスはまた、良質のシェリー樽による熟成にこだわっていることでも有名だ。原酒の2/3はシェリー樽に、1/3はプレーン樽に詰められる。シェリー樽には、2~2年半、オロロソ・タイプのシェリーが入れられた新鮮な空き樽が使われ、代々チェアマン自らが選ぶ。

「スペインのセビリアに、昔からとてもいい樽をつくる小さな会社が

❶時の重みを感じさせる熟成庫の外観。石の壁に染み込んだように見えるカビは、熟成に適した適度な湿気を物語る。10の熟成庫に、5万5000樽のモルトが貯蔵されている。

❷グレンファークラスのラインナップは、ベーシックなもので「10年」「12年」「15年」「21年」「25年」「30年」「105カスクストレングス」と幅広い。2006年に一新されたパッケージがグッドデザイン!

❸グレンファークラスにおけるグランツ家の5代目にあたるジョン・グラント氏。現在は6代目の息子のジョージ・グラント氏がチェアマンを務めている。

ある。いい樽はね、まず外観がよくて厚みがあり、いいつくりをしていること。そしてなによりとても香りがいいものなんだ。確かにいいシェリー樽は高い。でもそれにこだわるのは、いい品質にこだわるということなんだよ」

と語るのは、前チェアマンのジョン・グラント氏その人である。こうして樽詰めされた原酒は、石造りで、土の床、3段以上は積まないダンネージ方式と、極めて伝統的な熟成庫に眠らされてグレンファークラスとなる。先代の60年代からシングルモルトにさらにこだわり、40年以上を経た今、'52年以降の各年のモルトがいいコンディションであるのだという。それをヴィンテージで、シングルカスクで出すという予定もあるそうだ。蒸溜所の背後には広い丘がベン・リネス山に向かって続き、美しく気持ちいい。ここで眠る、まだ見ぬヴィンテージ。そのグレンファークラスもまたぜひ味わってみたいものだ。

❹粉砕した麦芽をこのようにふるいにかけ、粉砕の粗さの程度、ハスク、フラワー、グリッツという3段階の比率が確かめられる。より効果的な糖化を行うために、この比率はつねに一定に保たれている。

❺ポットスチル内部には、金属製の鎖が付いていて回転するアーム「ラメジャー」が。直火焚きによるウォッシュの焦げ付きを防ぐ装置だ。

❻マッシュタンはステンレススチール製。直径10m、16.5トンの容量を持ち、他に類を見ない巨大なものだ。

❼スペイサイドで1番大きく、今も伝統的なガス直火焚きによるポットスチル。背が高いと同時にボール型のネックは、蒸気の還流を促し、「口当りがなめらかに、よりピュアなスピリッツを生む」という。

⑧熟成庫の前に伸びる2本のレールは、この上を樽を転がすためのもの。樽はすべて人の手によって運ばれる。

⑨仕込み水は、蒸溜所の後ろに見えるベン・リネス山から流れ下る、グリーン・バーンから引かれている。透明感の高いピュアな軟水。蒸溜所裏にはその貯水池がある。

①

スペイサイド・クーパレッジ

SPEYSIDE COOPERAGE

炎とハンマーの音が響く 熟練のクラフトマンシップ

スペイサイドを訪れたら、ぜひ一度立寄ってみることをおすすめしたいのが、スペイサイド・クーパレッジだ。スペイサイドのほぼ真ん中、クレイゲラキにある樽工場である。ここにはビジターセンターも設けられていて、他ではめったにお目にかかれない樽造りの様子を見学することができるからだ。

言うまでもなく、ウイスキーづくりにとって樽の果たす役割は非常に大きい。どんな樽を使い、ど

①クーパー（樽職人）達は出来高制で働き、実にキビキビ動き、移動し、活気に溢れている。気を抜いていたら吹っ飛ばされて怪我をしそうな感じの迫力。

②迫力充分の樽のピラミッド。バレル、ホッグスヘッド、バッツ、パンチョンと各種の樽があるが、ここでは90%以上がバーボン樽。アメリカのミズーリ、ケンタッキー、テネシーで仕入れられるアメリカン・オーク樽が多い。

②

❸

❸圧巻のチャー（樽の内側を焼く作業）。樽は製造工程の中で、蒸気や火を使って加熱処理される。目的は、オーク材を曲げやすく加工しやすくするためが一つ。さらに、ウイスキーを染み込みやすくし、同時に樽自体のフレーバーの抽出を促す効果がある。

❹熟練の親方の仕事は目を奪われる迫力。素早く確実な手さばきで鏡板を張り、パッキング材の葦を入れていく。

こでどのように貯蔵するか、つまり貯蔵・熟成の仕方で、ウイスキーの品質の半分は決まるとも言われている。その樽にどんな種類があるか、くらいはなんとなく把握していたとしても、それがどのような工程を経て組み立て、仕上げられるかまでを見知っている人は意外に少ないのではないか。

実際にその作業と、キビキビ働くクーパー（樽職人）達の熟練の技を目にすると、そのダイナミックさに感動するに違いない。と同時に、樽というのが、人類が生み出した芸術品といってもいい、いかに優れたものであるかがわかる。さらにはその材であるオークの魅力へと興味が及ぶに至って、ウイスキーの熟成の神秘への思いがまたひとしおとなるわけである。

1947年にテイラー家によって設立され、現在が3代目。アメリカのケンタッキーから仕入れるバーボンバレルを中心に、ここでは毎年約10万樽にも及ぶ数が修繕され、つくられているのだという。まったく、ウイスキーを巡る旅の興味は深まるばかりである。

❹

3章

ジャパニーズ・ウイスキー

Japanese
Whisky

ジャパニーズ・ウイスキーを知る

Japanese Whisky

ジャパニーズ・ウイスキーとは?

スコッチを手本にしつつ日本らしくソフトで繊細な独自の味わい

各メーカーがそれぞれに多彩な原酒を持つのが特徴的

本格的な国産ウイスキーは、１９２９年、サントリーの前身である寿屋から発売された「白札」に端を発する。その製造にあたったのは、スコットランドでウイスキーづくりを学んで帰国したニッカウヰスキーの創業者竹鶴政孝だから、そもそも日本のウイスキーが手本としたのはスコッチ・ウイスキーである。

ウイスキーのタイプとしても同様で、大きく分けると、大麦麦芽を原料に、単式蒸溜器の2回蒸溜でつくるモルト・ウイスキーと、それにトウモロコシなどの穀類でつくったグレーン・ウイスキーをブレンドしたブレンディッド・ウイスキーの2種類となる。飲み口としてもスコッチとよく似ているが、日本人向けに、スコッチよりもぐっとスモーキーフレーバーが抑えられてることと、伸びやかな酒質で、水で割っても風味が崩れないことが特徴的。日本ならではの良水、気候風土と合わさって、独自のテイストを生んでいる。

現在、大手の蒸溜所はサントリーとニッカウヰスキーが各2つ、キリンディスティラリーが1つの計5つである。数にすると少ないが、日本の場合、各メーカーが自前でさまざまなタイプの原酒をつくり、ブレンドまで行っているというのも大きな特徴。したがって、各メーカーが多彩な原酒を持ち、それによってまた、多様なテイストのウイスキーがリリースされている。

２０００年代に入って、ウイスキーの世界大会でニッカウヰスキーの「シングルカスク余市10年」やサントリーの「響30年」が、世界の銘ウイスキーを抑え、最高位に選出されたのを皮切りに活躍も目立っている。ジャパニーズ・ウイスキーに対する評価は世界的に高まっている。

ジャパニーズ・ウイスキーの主な蒸溜所

ニッカウヰスキー余市蒸溜所

北海道余市郡余市町黒川町7-6
☎0135-23-3131
工場見学あり
http://www.nikka.com/know/yoichi/

ニッカウヰスキー宮城峡蒸溜所

宮城県仙台市青葉区ニッカ1番地
☎022-395-2865
工場見学あり
http://www.nikka.com/know
miyagikyou/

サントリー白州蒸溜所

山梨県北杜市白州町鳥原2913-1
☎0551-35-2211
工場見学あり
http://www.suntory.co.jp/
whisky/factory/hakushu/guide/

キリン富士御殿場蒸溜所

静岡県御殿場市柴怒田970番地
☎0550-89-4909
工場見学あり
http://www.kirin.co.jp/brands/sw/
gotemba/

サントリー山崎蒸溜所

大阪府三島郡島本町山崎5-2-1
☎075-962-1423
工場見学あり
http://www.suntory.co.jp/whisky/
factory/yamazaki/guide/

ジャパニーズ・ウイスキーの種類

モルト・ウイスキー

大麦麦芽を原料とし、単式蒸溜器で2回蒸溜。オーク樽で熟成する手法はスコッチと同じ。スコッチに比べるとピート香はぐっと抑えられ、飲みやすい。

ブレンディッド・ウイスキー

モルト・ウイスキーとトウモロコシなどを原料としたグレーン・ウイスキーをブレンド。スコッチに比べると、全体的に伸びやかな香りがあり、繊細でマイルド。

ジャパニーズ・ウイスキーの誕生史

2人の情熱、2つの蒸溜所から日本の本格ウイスキーは始まっていく

本場スコットランドでウイスキーの製法を学ぶ

記録によれば、日本で販売を目的として初めてウイスキーが輸入されたのは1871年（明治4年）。その後まもなく、輸入アルコールを原料とする模造ウイスキーの製造が開始されることになるが、国産の本格的なウイスキーの誕生までには、それからほぼ半世紀を待つことになる。

初の本格的国産ウイスキーの誕生には、大きな役割を果たした2人の人物がいる。1人は、後にニッカウヰスキー創業者となる竹鶴政孝氏、もう1人は寿屋（現サントリー）の創業者鳥井信治郎氏だ。

竹鶴氏は広島の造り酒屋に生まれ、大阪高工で醸造学を学ぶと、当時有数のアルコール製造業者だった摂津酒造に入社。1918年、単身留学生としてスコットランドに派遣され、本場のウイスキーづくりを学ぶことになる。竹鶴氏の留学は約2年間におよび、当初聴講生としてグラスゴーの大学に学ぶが飽き足らず、蒸溜所が集まるハイランド地方を訪れると、そこで実地にスコッチづくりを学んだ。その情熱は並々ならず、製造上の手順や技術はもちろん、各機器の材質や構造まで、そのノートには実に事細かに記録がなされた。ちなみに彼が実習した蒸溜所は、スペイサイドのロングモーン蒸溜所と、キャンベルタウンのヘーゼルバーン蒸溜所である。

国産初の本格ウイスキー 1929年、ついに登場

だが、彼が帰国してみると、折からの大不況下で摂津酒造は財力を失い、初の本格的な国産ウイスキーの製造計画は白紙となっていた。竹鶴氏の落胆はいうに及ばない。だが、そこで彼の元を訪れ、自社に迎え入れたのが、もう1人の人物、寿屋の鳥井信

蒸溜所見学のススメ

機会があればぜひ一度オススメしたいのが、日本の蒸溜所見学だ。P131でも紹介してるように日本の主な蒸溜所は基本的にどこも見学が可能だ。余市、御殿場、甲斐駒ケ岳（白州）……と、蒸溜所は、いずれも素晴らしい自然環境に恵まれた中にあり、行くだけでも気持ちよく、観光がてら1日たっぷりと楽しめる。ウイスキー博物館やレストラン、美術館などが併設されているところもあり、多くは無料で製造工程の案内もしてもらえる。それとやはりうれしいのは、試飲コーナーの存在。また、蒸溜所でしか販売していないウイスキーがあるのも見逃せない。見学情報は、ホームページなどでも詳しく紹介されている。

治郎氏である。赤玉ポートワインで軌道に乗っていた同社も、初の本格的ウイスキー製造に乗り出そうとしていたのだ。鳥井氏は蒸溜所に適した土地を求めて全国各地を探し回り、その結果、京都の南西に位置する名水の地、山崎に蒸溜所建設を決定する。竹鶴氏はその工場長に任ぜられ、その設計、建設から製造まですべての指揮を任されることとなった。こうして１９２４年、山崎蒸溜所がオープンし、その５年後の１９２９年、ついに国産初の本格ウイスキー「白札」が発売されたのである。

スコットランドによく似たもう一つの蒸溜所

しかしやがて、２人は袂を分かつことになる。１９３４年、竹鶴氏は独立し、北海道の余市に、後のニッカウヰスキー、大日本果汁を創業する。竹鶴氏はあくまで自らが求めるウイスキーづくりを追求すべく、スコットランドに気候、風土ともよく似た北海道の余市に理想の蒸溜所を建設したのである。社名は、ウイスキーの販売までには時間がかかるため、当初リンゴジュースの製造販売から始めたことによるもので、現社名のニッカはその略称「日果」による。

理想の国産ウイスキーを目指す中で、竹鶴氏はよりスコッチに忠実なものを追い求め、一方鳥井氏は、スコッチを基本にしつつ、より日本の風土、味覚に合ったものを追い求めていった。１９３７年、寿屋からは国産初のヒット商品といっていい「サントリー角瓶」が発売される。その３年後、１９４０年には、余市蒸溜所初のウイスキー「レア・オールド・ニッカウイスキー」がついに登場。以降、それぞれに個性を磨きながら、結局はそのヴィジョンは溶け合って、やがて独自のジャパニーズ・ウイスキーとして発展していくのである。

ジャパニーズ・ウイスキーの主なエポック

1918 (大正7)	竹鶴政孝氏、スコットランドへ留学(～1920)。 ロングモーン蒸溜所、ヘーゼルバーン蒸溜所などで、実地でウイスキーづくりの技術、設備等を事細かく習得。
1923 (大正12)	日本初のモルト・ウイスキー蒸溜所・山崎蒸溜所建設着手。 寿屋社長・鳥井信治郎氏が竹鶴政孝氏を招き入れ、蒸溜所の設計、製造の総指揮を任せる。翌年竣工、蒸溜作業を開始。
1929 (昭和4)	国産初の本格ウイスキー「白札」発売。
1934 (昭a和9)	北海道余市に大日本果汁(現ニッカウヰスキー)創業。
1955 (昭和30)	大黒葡萄酒(現メルシャン)軽井沢蒸溜所を建設。
1972 (昭和47)	キリン・シーグラム(現キリンディスティラリー)設立。

クラフト・ディスティラリーに注目

日本各地に小さな蒸溜所が続々と誕生。今後も新しい動きから目が離せない

ウイスキーブームと迎えた冬の時代

戦後の高度経済成長とともに日本ではウイスキーがブームとなり、ウイスキー業界は活況を呈した。1980年にはサントリーの「オールド」が年間売上世界一の出荷量を記録。各地で少量生産されるいわゆる〝地ウイスキー〟ブームも起こった。

だが、1985年頃をピークに一転、日本のウイスキーは冬の時代へ突入する。背景には酒税法の改正により輸入酒との競争力が落ちたこともある。また、景気が縮小する中、ビジネスとしての体力的な厳しさ（熟成のために時間と場所を要し、回転も早くない）もあっただろう。

ハイボールブーム そして〝マッサン〟に沸く

ようやく市場が上昇に向かうのは、2009年に端を発するハイボールブーム。これによってウイスキーが市民権を取り戻し、若者層に再び受け入れられたのも大きい。さらに、2014年の朝の連続ドラマ『マッサン』のヒットによるウイスキーブームで活気を取

銘柄・特徴など
冷涼で湿潤、海風が当たる厚岸に設立。伝統的な製法でアイラモルトのようなウイスキー 造りを目指す。
80年代の地ウイスキーブームでも活躍。創業250年の2015年に日本酒蔵の中に蒸溜設備を設置。
クラフトビールの「常陸野ネストビール」醸造元でもある。2018年新たな蒸溜器を設置した新蒸溜所も予定。
92年に休止していた蒸溜を2011年に再開。その間も「駒ケ岳」や「岩井トラディッション」などを発売。
キルホーマン蒸溜所に影響を受け、インポーターからスタート。軽井沢蒸溜所のスチルも引き継ぐ。
クラウドファウンディングによる「三郎丸蒸溜所改修プロジェクト」で、新たなウイスキーづくりをスタート。
アランビックという名称の〝日本最初〟のポットスチルを使用。長濱浪漫ビールの醸造所を拡張して新設。
ウイスキー冬の時代を経て、2007年に初のシングルモルトウイスキー「あかしシングルモルト８年」を発売。
2015年にドイツ製のハイブリッド蒸溜器を導入し、本格稼働開始。同じ設備を使って、クラフトジンも製造。
本坊酒造の２つめの蒸溜所として誕生。環境の異なる地で信州マルスとはタイプの違う原酒づくりを目指す。

り戻す。

もっとも冬の時代にもただ手を拱いていたわけではない。2001年、ニッカの「シングルカスク余市10年」を皮切りに、ジャパニーズウイスキーは、次々に国際的なコンペティションで最高賞を獲得。着々と世界的な評価を得ていたのだ。

クラフトがキーワード イチローズモルトに続け

その逆風の中、さらにその後のジャパニーズウイスキーの流れに大きな影響を与える出来事が起こっている。「イチローズモルト」（P145参照）の登場だ。

登場間もない2006年、イギリスのウイスキー専門誌『ウイスキーマガジン』のジャパニーズモルト特集でゴールドメダルを獲得。2008年には秩父蒸溜所を立ち上げている。

成り立ちとしてこれまでと違うのは、大手に依らず、少量生産で手造りにこだわった、いわゆるクラフトディスティラリーであるということだ。

世界的にも見ても、2005年にアイラ島で誕生したキルホーマン蒸溜所以降、小さいがこだわりと個性があるディスティラリーが注目を集めている。クラフトビールやクラフトジンなども流行し、〝クラフト〟は大きな潮流と言ってもいいだろう。

そして、イチローズモルトの成功に背中を押され、勇気を得るようにして、日本でも各地で続々と蒸溜所が新設されている。

2016年には、厚岸、安積、静岡、津貫などが続々と誕生。いずれも熱い思いとこだわりを持ったクラフトディスティラリーだ。のちに振り返ったときに、大きなターニングポイントの年となるかもしれない。

稼働中のクラフトディスティラリー（秩父蒸溜所以外）

蒸溜所名	所在地	所有者	稼働開始（再稼働）年	生産量（ℓ）
厚岸蒸溜所	北海道厚岸郡	堅展実業	2016	**60,000**
安積蒸溜所	福島県郡山市	笹の川酒造	2016	**40,000**
額田蒸溜所	茨城県那珂市	木内酒造	2016	**12,000**
信州マルス蒸溜所	長野県上伊那郡	本坊酒造	1985（2011）	**70,000**
静岡蒸溜所	静岡県静岡市	ガイアフロー	2016	**—**
三郎丸蒸溜所	富山県砺波市	若鶴酒造	1990（2017）	**—**
長濱蒸溜所	滋賀県長浜市	長濱浪漫ビール	2016	**15,000**
ホワイトオーク蒸溜所	兵庫県明石市	江井ヶ嶋酒造	1984	**60,000**
岡山蒸溜所	岡山県岡山市	宮下酒造	2011	**7,000**
津貫マルス蒸溜所	鹿児島県南さつま市	本坊酒造	2016	**70,000**

ジャパニーズ ウイスキー カタログ

Japanese Whisky Catalog

TASTING NOTE

シングルモルトウイスキー 山崎12年

700mℓ・43度・8,500円

色	淡いゴールド、薄い紅茶。
アロマ	フルーティで甘い。バナナ、熟れた果実、干しぶどう、フルーツケーキ。木材の切り口。
フレーバー	間違いなくフルーツ、バナナ。黒糖蜜、バニラのような。レモンの皮のような苦味も。
全体の印象	全体にスイートな印象。食後酒向き。最後にパイナップルの香り。

YAMAZAKI

山崎

円熟されたモルトを選りすぐった甘さを含んだ厚みのある味わい

日本におけるウイスキー発祥の地、山崎。サントリーの創業者、鳥井信治郎は、本格的なウイスキーを日本で作るため蒸溜所に適した環境を求めて全国を探し回り、この地に決めた。1923年、山崎蒸溜所で日本初のモルト蒸溜が行われ、ジャパニーズ・ウイスキーの歴史がスタートした。山崎は、霧が竹林を柔らかく包み、千利休が茶室を構えたことでも知られる名水の地である。「山崎12年」は同蒸溜所竣工60周年を記念して、1984年に登場。熟成12年以上を超えた秘蔵モルト樽の中から、円熟されたモルトを吟味、厳選。樽香とほどよいスモーキーフレーバー、丸みある甘さを含んだ味わいが秀逸だ。「18年」「25年」はともにシェリー樽で長期熟成された極上モルトだけがヴァッティングされ、個性溢れた熟成香と重厚な味わいを持つ。ぜひニートで味わってみたい。

DATA

製造元	サントリー
発売年	1984年
蒸溜所	サントリー山崎蒸溜所
問合せ先	サントリーホールディングス(株)

LINE UP

シングルモルトウイスキー 山崎
…………………………700mℓ・43度・4,200円

シングルモルトウイスキー 山崎18年
…………………………700mℓ・43度・25,000円

シングルモルトウイスキー 山崎25年
…………………………700mℓ・43度・125,000円

白州

名水と森に囲まれた蒸溜所が生む さわやかでスモーキーな味わい

山崎蒸溜所開設から50年経った1973年、南アルプスの甲斐駒ヶ岳の麓、白州峡に白州蒸溜所は建てられた。白州は広大な森に囲まれ、甲斐駒ヶ岳を覆う花崗岩で濾過され、磨かれた清らかな水に恵まれた地である。原酒はこの名水をマザーウォーターに仕込まれ、標高が高く冷涼な森の中で、ゆっくりと育てられていく。発酵槽には昔ながらの木桶が使われ、直火の釜でじっくりと蒸溜される。こうして丹念につくられた白州のモルトウイスキーは、繊細でさわやか。森の若葉や柑橘系の香りがあり、ライトなスモーキーフレーバーが心地いい。「シングルモルト白州10年」（休売中）は適度な重厚感があり、フルーティで涼やかな風味。ホワイトオーク樽で長期熟成された「12年」は、爽快なウッディネスとともにほのかなスモーキーフレーバー。複雑に香りも詰まっていて味わい深い。

DATA

製造元	サントリー
発売年	1994年
蒸溜所	サントリー白州蒸溜所
問合せ先	サントリー

LINE UP

シングルモルトウイスキー 白州18年
……………………700mℓ・43度・25,000円

シングルモルトウイスキー 白州25年
…………………700mℓ・43度・125,000円

TASTING NOTE

シングルモルトウイスキー 白州

700mℓ・43度・4,200円

（12年）

色	淡いほうじ茶、鉄観音茶。
アロマ	森林浴、梨、オレンジピールのような苦い香り。少しスモーキー。かつおだし。食欲をそそる。
フレーバー	若いフルーツ。アケビ。魚肉系の味。
全体の印象	だしの風味。やさしく華やか。木の香り、新芽の香りがして食前酒に好ましい。ストレートで。

HIBIKI

響

深みある風味と濃厚な甘み 世界が認めたブレンディッド

「響」は1989年、サントリーが創業90周年を記念して、自信と誇りを持って送り出した最高級のプレミアム・ブレンディッド・ウイスキーだ。酒齢17年以上（平均19年）の長期熟成モルト原酒30数種類を厳選し、同じく17年以上の熟成グレーン原酒とブレンド。後熟にも時間をかけ、ひときわ深みある風味が生み出された。味わいは複雑で、さまざまなキャラクターが絶妙なバランスで絡み合い、時間の経過と共に表情を変える。濃厚で、熟れた甘み。余韻も長く続く。「JAPANESE HARMONY」は、日本の四季や日本人の繊細な感性をテーマに、熟成年数にこだわらず、多彩な原酒と匠の技でつくりあげられた。「21年」は山崎ホワイトオーク樽22年ものを中心にブレンド、「30年」は熟成の極みともいえる同32年ものが中心で、年に2000本ほどしかできない限定品だ。まさに豪華なシンフォニーを楽しめる。

TASTING NOTE

響 JAPANESE HARMONY

700mℓ・43度・5,000円

(17年)

色	琥珀色。
アロマ	ラムレーズン。甘く、バニラ。角材とレモンピール。粉っぽさ。
フレーバー	やわらかさが口全体に広がる。甘さ、ウッディさ、どれも突出し過ぎずによい。ハッサクのような酸味。
全体の印象	味は淡く、でも素晴らしくバランスがとれている。ロック、水割りよりストレートで。

DATA

製造元	サントリー
発売年	1989年
蒸溜所	山崎蒸溜所＋白州蒸溜所＋知多蒸溜所（グレーン）
問合せ先	サントリーホールディングス（株）

LINE UP

響21年 ……………………… 700mℓ・43度・25,000円

響30年 ……………………… 700mℓ・43度・125,000円

YOICHI

余市

力強く男性的な風味も魅力 日本で生まれた本格スコッチ

余市蒸溜所はニッカウヰスキーの創業者・竹鶴政孝によって1934年に設立された。竹鶴はスコットランドでウイスキーづくりを学んで帰国し、当初は寿屋（現・サントリー）で山崎蒸溜所の設立に携わっていた。だが、自らの理想とするウイスキーを追い求めて独立を決意、スコットランドの気候、風土によく似た、北海道の余市にウイスキーづくりの理想郷を見出したのである。スコッチに負けない本物のウイスキーにこだわった余市のモルト原酒は、創業以来変わらない、石炭直火焚きで丹念に蒸溜され、厳しい北の自然の中で育まれる。酒質は力強く男性的な風味が特徴。豊かなコクとスモーキーフレーバーを持つ。休売中だが、「シングルモルト10年」は芳しくもなめらかな口当りとフルーティな味わい、「20年」はカスク・ストレングスの力強さと円熟した深くエレガントな味わいが秀逸だ。

DATA

製造元	ニッカウヰスキー
発売年	1999年
蒸溜所	ニッカ余市蒸溜所
問合せ先	アサヒビール（株）

TASTING NOTE

シングルモルト余市

700mℓ・45度・4,200円

（10年）

色	薄いほうじ茶
アロマ	ウイスキーらしい芳香。ベニア板のようなウッディさ。油紙。時間が経つとハーシーのキスチョコ。
フレーバー	リッチなガム、ドロップ、水飴。柿。
全体の印象	トースティでボディ感があるが、杏仁豆腐のような香り。フィニッシュは長く、甘い。

MIYAGIKYO

宮城峡

余市とは異なる個性を追求した繊細でやわらかな味わい

ニッカウヰスキーの2番目の蒸溜所建設の場所として選ばれたのは仙台市郊外、山形県境に近い宮城峡。広瀬川と新川川のせせらぎが合流し、豊富な清流をたたえる地は、穏やかな北の自然に恵まれている。1969年に竣工された宮城峡蒸溜所は、モルト用の単式蒸溜器だけではなく、グレーン用のカフェ式連続蒸溜機も備えている。ここでつくられるモルト原酒は、ハードでコクのあるハイランドタイプの余市モルトとはまた違う魅力が求められ、ローランドタイプの繊細でやわらかな風味。その魅力が存分に味わえるのが「シングルモルト宮城峡」である。休売中だが、「10年」は軽やかな麦芽の香りと樽の芳ばしさが調和し、丸みある甘さとシルキーな味わい。熟成度があがるほどに風味は奥行きを増し、「15年」ではカカオやナッツ様の樽香と豊かな熟成香、スムーズな舌触りが魅力的だ。

TASTING NOTE

シングルモルト宮城峡

700mℓ・45度・4,200円

(10年)

色	薄いほうじ茶、ゴールド。
アロマ	ムスク。時間が経つとそば殻の香り。ゴム。甘いが、刺激が鼻を突く。
フレーバー	麦芽の甘さ、シナモン、ハッカ。少しビター。ガム、ドッロプ。
全体の印象	ボディは中間的で、紅茶っぽい余韻。ムスクとメロンの印象。

DATA

製造元	ニッカウヰスキー
発売年	1999年
蒸溜所	ニッカ余市蒸溜所
問合せ先	アサヒビール(株)

NIKKA COFFEY GRAIN

ニッカ カフェグレーン

伝統的カフェ式連続蒸溜機が生む
甘い香りとなめらかな口当たり

ニッカウヰスキー宮城峡蒸溜所には、伝統的な「カフェ式連続蒸溜機」がある。これは創業者の竹鶴政孝が、本格的なブレンディッド・ウイスキーをつくりたいという思いから、スコットランドから持ち込んだものだ。1963年に導入され、翌年から稼働したカフェスチルは、当時としても極めて旧式なタイプ。しかし、現在主流の連続式蒸溜機に比べると、蒸溜効率は劣っても、原料由来の香味成分が残るというのが大きな特徴。「本物のおいしさ」にこだわった選択だった。「カフェグレーン」はその蒸溜機、カフェスチルでつくられたグレーンウイスキー（原酒）だ。その味わいはカフェ式だからこそのもの。やわらかくスムーズな口当たりに、原料由来の甘さと芳ばしさ、クリーミーさや砂糖を焦がしたような甘い香りも感じられる。同蒸溜機でモルトを蒸溜した「カフェ モルト」とともに欧州でも発売。2016年インターナショナル・スピリッツ・チャレンジで金賞受賞。

DATA

製造元	ニッカウヰスキー
発売年	2012年
蒸溜所	宮城峡蒸溜所
問合せ先	アサヒビール（株）

TASTING NOTE

ニッカ カフェグレーン

700mℓ・45度・6,000円

色	ダージリンティのよう。
アロマ	カスタードクリームやキャラメルのような甘い香り。香ばしさとウッディなバニラ香。
フレーバー	なめらかでクリーミーな口当たり。クリーンで軽やか。バニラや蜂蜜の甘い味わいが、心地よく消えていく。
全体の印象	甘いけどすっきりと伸びのある香りと味わい。なめらかですっきりとした後味。

TAKETSURU

竹鶴

スモーキーにしてシルキー 余市と宮城峡の個性を合わせもつ

「竹鶴」シリーズは2000年にリリースされたピュアモルト・ウイスキーである。ブランド名はもちろん竹鶴政孝の名前からとられたものだ。それは同社の余市蒸溜所と宮城峡蒸溜所で長期熟成されたモルトをヴァッティングさせたもので、その特長は、しっかりとしたスモーキーさをもった余市の個性と繊細な風味が魅力である宮城峡の個性との調和にある。シリーズは「17年」「21年」「25年」と展開され、芳醇、円熟、至高というテーマを与えられ、エイジングの広がりを楽しめるようになっている。熟成を重ねた上質なモルトで仕上げた「ノンビンテージ」は、やわらかく甘い香りとなめらかな口当たりが印象的で、余韻も爽やかな味わい。同社には「北海道12年」というピュアモルトもあったが、こちらは余市のモルト原酒が中心で、より力強い味わいだった。ピュアモルトのそんなブレンドの違いもまた興味深い。

TASTING NOTE

竹鶴ピュアモルト

700mℓ・43度・3,000円

（17年ピュアモルト）

色	薄いほうじ茶
アロマ	少し苦い匂い。漢方薬。アニス。
フレーバー	余市のコク、芳しさ、宮城峡の華やかさに、ウイキョウを加えた感じ。苦酸っぱい。
全体の印象	全体としてはドライな印象が先に立ち辛口。グレープフルーツを感じさせるフィニッシュがいい。

DATA

製造元	ニッカウヰスキー
発売年	2000年
蒸溜所	ニッカ余市蒸溜所＋ニッカ宮城峡蒸溜所
問合せ先	アサヒビール（株）

LINE UP

竹鶴17年ピュアモルト…………700mℓ・43度・7,000円
竹鶴21年ピュアモルト………700mℓ・43度・15,000円
竹鶴25年ピュアモルト………700mℓ・43度・70,000円

キリンウイスキー
富士山麓

2005年誕生の新しいブランドは、富士の自然を想わす澄んだ味わい

キリンディスティラリーの蒸溜所があるのは富士山麓の御殿場。富士の裾野は自然に濾過された雪解け水に恵まれ、平均気温13度という冷涼な気候であるため、蒸溜所をおくのに最適といえる土地だ。ここでは独自の工夫を凝らしてウイスキーがつくられている。雑味のない酒質にこだわり蒸溜液は特に中間の質の良い部分だけを使い、熟成も小樽を使い樽と原酒がふれる面積を大きくすることで樽由来の香味を深めている。「富士山麓」は2005年9月にリリースされたブランド。なめらかな口当たりで、清らかで奥深い味わい。「樽熟原酒50°」は単一蒸溜所のモルト原酒とグレーン原酒のみでつくられた珍しいブレンディッドで、本来の香りと味わいにこだわり、アルコール度数が高い。原酒の特徴がはっきりした味わいと、甘い樽熟香が実感できる。

DATA

製造元	キリンディスティラリー（株）
発売年	2005年
蒸溜所	富士御殿場蒸溜所
問合せ先	キリンビール（株）

LINE UP

キリンウイスキー富士山麓 Signature Blend
……………………700mℓ・50度・5,000円

TASTING NOTE

キリンウイスキー富士山麓 樽熟原酒50°

600mℓ・50度・1,590円

色	黄味がかった琥珀色。
アロマ	バナナ香、果実を思わせる香り。
フレーバー	マーマレード、若い木の味。抹茶のような少し粉っぽい感触。
全体の印象	甘さが強烈。その下に木やオレンジの香りや味が隠れている。50度という度数の高さは感じさせない。

ICHIRO'S MALT

イチローズモルト

羽生と秩父2つの原酒を持ち
世界が注目のクラフトウイスキー

「イチローズモルト」を手掛けるベンチャーウイスキーを肥土《あくと》伊知郎氏が設立したのは2004年。氏の祖父が創立者である羽生蒸溜所が倒産し、貯蔵庫に眠る原酒が廃棄処分の危機に瀕したことが発端だ。中には20年以上熟成した原酒もあり、それらを世に出すべく誕生したのが「イチローズモルト」だ。2005年に出された「ビンテージシングルモルト1988」を皮切りに、原酒の個性を活かしつつ様々なカスクでフィニッシュした「カードシリーズ」などをリリース。次第に注目を集めた。2008年には秩父蒸溜所を立ち上げ、小さな蒸溜所ならではのハンドメイド、秩父らしさにこだわったウイスキーづくりを追求している。定番のリーフシリーズのうち、「MWR(ミズナラ ウッド リザーブ)」は、複数のモルトをミズナラ樽でフィニッシュ。複雑な味わいと樽香の中に奥深い甘みを含んだ味わいを持つ。

TASTING NOTE

イチローズモルト MWR

700mℓ・46度・6,000円

色	少し青みを感じるライトゴールド。
アロマ	明るくスイート。バニラ、洋なし、オーク。かすかにピート。
フレーバー	スムースなアタック、上品な甘みのあとに、ピートや深みのある樽香。スパイスや渋み。
全体の印象	時間とともに複雑な表情が現れ、変化していく。奥行きのある味わい。

DATA

製造元	(株)ベンチャーウイスキー
発売年	2004年
蒸溜所	秩父蒸溜所
問合せ先	(株)ベンチャーウイスキー

LINE UP

イチローズモルト ダブルディスティラリーズ
……………………700mℓ・46度・6,000円

イチローズモルト ワインウッドリザーブ
……………………700mℓ・46度・6,000円

イチローズモルト&グレーン(ワールドブレンデッドウイスキー) ……………700mℓ・46度・3,500円

※その他年2回くらいリリースされる限定ボトル多数。

KOMAGATAKE

駒ヶ岳

良質な軟水、深い霧に育まれる貴重な原酒からのシングルカスク

本坊酒造がウイスキー製造免許を取得したのは1949年と古く、1960年には山梨でウイスキー製造を開始。そして1985年、「日本の風土を生かした本物のウイスキーをつくりたい」と理想の地を求め、長野県駒ケ岳山麓に建設(移設)したのがマルス信州蒸溜所だ。しかし業界の景気低迷に伴い1992年に蒸溜停止。2011年、19年ぶりに蒸溜を再開した。その間、貯蔵庫で熟成させた希少な原酒を商品化。〝駒ケ岳〞の名を冠したシングルモルトは、1996年に発売した「モルテージ 駒ケ岳10年」が最初だ。標高798m、ウイスキーには中央アルプスの雪解け水が浸透・濾過された良質な軟水が使われ、深い霧の中で熟成される。「駒ケ岳」は一つの樽のモルト原酒のみを使用したシングルカスクだ。「Limited Edition 2018」は、バーボンバレルとアメリカンホワイトオーク樽で熟成した原酒を使用。華やかでほのかにピーティな味わいが特徴だ。

DATA

製造元	本坊酒造(株)
発売年	1996年
蒸溜所	マルス信州蒸溜所
問合せ先	本坊酒造(株)

LINE UP

シングルモルト駒ケ岳27年
……………………700mℓ・46度・73,440円

シングルモルト駒ケ岳1986 30年 シェリーカスク
……………………700mℓ・48度・95,040円

ほか

TASTING NOTE

シングルモルト駒ヶ岳Limited Esition 2018

700mℓ・48度・7,600円

色	明るい黄金色。
アロマ	熟したプラムや花の香り。重厚なフレーバーが重なり合い、ほのかなピート香を感じる。
フレーバー	ややドライな口当たり。口中から鼻腔に柑橘系の香りが広がる。
全体の印象	華やかさとライトなピーティさのバランスがよく、フィニッシュは長く心地いい。

ホワイトオークあかし

日本酒造りの手法も活かされ
個性あふれる樽使いが生む味わい

播磨灘を望む江井ヶ島、明石の海岸から心地よい潮風が吹く位置に江井ヶ嶋酒造はある。ウイスキーの製造免許を得たのはなんと1919年だが、昔から日本酒や焼酎を多くつくってきた酒類メーカーである。その敷地内にあるホワイトオーク蒸溜所は1984年に建設。その後業界の不景気の中で、当初は安価なブレンディッドを中心に生産したが、2007年に初のシングルモルト「あかしシングルモルト8年」を発売。2013年には初のシングルカスクをボトリングしている。とはいえ、まだまだ生産量は限られ、日本酒製造の蔵人が夏にウイスキーを製造し、酒母造りには日本酒の伝統製法も生かされているという。熟成にはバーボン樽を中心に、シェリー樽やコニャック、ワイン、中にはテキーラや焼酎を貯蔵した樽も使用。「シングルモルトあかし」はシェリー樽とバーボン樽をヴァッティングし、それぞれの樽の個性が出た豊かな香味が魅力だ。

DATA

製造元	江井ヶ嶋酒造(株)
発売年	2007年
蒸溜所	ホワイトオーク蒸溜所
問合せ先	江井ヶ嶋酒造(株)

LINE UP

ホワイトオーク 地ウイスキーあかし
……………………………500mℓ・40度・1,100円

ホワイトオーク あかしレッド ……500mℓ・40度・780円

あかしオロロソシェリーカスク3年1stf ill(限定品)
……………………………500mℓ・50度・5,500円

TASTING NOTE

ホワイトオーク シングルモルトあかし

500mℓ・46度・3.500円

色	赤みを帯びた琥珀色。
アロマ	芳醇でスイート。プルーン。熟れた果物とかすかな塩気。
フレーバー	力強いアタックでスパイシー。懐かしい甘さとタンニン。ピーチティ。かすかにピーティ。
全体の印象	ミディアムライト。最初力強いアタックを感じさせながらスッと切れていく。

ジャパニーズならではの可能性を広げる日本オリジナルの樽材「ミズナラ」

ウイスキーの熟成に使われる樽材といえば、北米産のホワイトオーク、そしてヨーロッパのコモンオークだ。ところが唯一日本にはもう一つ、オリジナルの樽材があるのをご存知だろうか？　それが北海道を主産地とする「ミズナラ」だ。それは、最初は緊急避難的に使われたものだった。第二次大戦前後、輸入していた樽材が入手困難になり、ミズナラはいわば代替品としてウイスキーの樽に加工されたのだ。ところが、結果は惨憺たるもの。チローズという樹脂が少ないために漏れやすくて職人泣かせ。しかもやっと完成した樽にウイスキーを入れてみると、溶け出す風味があまりにも強過ぎ、ミズナラの原酒は泥臭くクセの強いものだったのだ。ところが…。月日が流れ、蔵の片隅に眠っていた原酒をある日ブレンダーがテイスティングしてみると、それは独特の魅力的な香りに熟成されていた。まるで香木のような、ブレンダーたちに伽羅《きゃら》や白檀《びゃくだん》、森や杉の香りとたとえられる、なんとも繊細で奥ゆかしいオリエンタルな香りだったのだ。なんのことはない。ミズナラは樽に寝かせてウイスキーがピークにくるまで30〜40年もかかる樽だったのだ。実はその原酒が一つのモティーフとなって生まれたブレンドがサントリー「響」でもある。いま再びミズナラの樽は仕込まれ始めているという。それはジャパニーズが秘めた、大きな可能性の一つなのだ。

日本には各地に〝地ウイスキー〟も。機会があればぜひ味わってみたい！

日本には各地で小規模生産されている、いわば地酒的なウイスキーもある。たとえば、「ゴールデンホース」をつくる東亜酒造は1964年の創業と、かなり歴史のあるものも。自社蒸溜のもの、輸入スコッチ・モルトと併用してブレンドしたものなどいろいろある。いくつかご紹介を。旅先などでみかけたら試してみたいところだ。

ゴールデンホース ブレンデッド武州
東亜酒造

ホワイトオーク レッド
江井ヶ嶋酒造

マルス エクストラ
本坊酒造

年数表記には2種類ある ラベルの意味を知っておこう

ウイスキーにとって熟成年数は大切なもの。ところで、お気づきかもしれないが、ラベルに表示された数字には2つのタイプがある。多いのは「〜Years Old」や「Aged〜Years」などという表記で、これは熟成年数（酒齢）を表わしたもの。そのウイスキーに含まれる原酒のうち、一番若い年数のものを表示することになっているので、「10年」とあれば、「少なくても10年以上熟成された原酒によって瓶詰めされています」ということになる。もう一つは「1992」などと年号が示されているもの。これはそのウイスキーのヴィンテージ、つまり蒸溜された年を示している。その年に蒸溜された原酒だけのボトリングというわけで、年による個性もあり、他の蒸溜年と飲み比べてみても楽しい。併せてボトリングされた年も表記されているのが普通なので、もちろん逆算すれば熟成年数もわかる。ラベルにはほかにもアルコール度数や容量をはじめ、いろいろな情報が。一度じっくり見てみるといいだろう。

真ん中の「10 Years Old」というのが熟成年数。10年熟成以上のモルト原酒が使われているという意味だ。

右側にある「1992」がヴィンテージ（蒸溜年）。上に英字で「DISTILED IN（蒸溜年は）」、下に「BOTTLED IN 2004（2004年にボトリング）」と表記されている。

試してみよう!

オリジナル・ヴァッティングで楽しむ!

ご存知のように、ブレンディッドはいくつものモルト・ウイスキーとグレーン・ウイスキーをブレンドしたものだ。その再現は無理としても、数種類のタイプの違うシングルモルトがあったら、それを合わせて独自の1杯、〝オリジナル・ヴァッティング〟をつくってみるのも面白い。何種類かがあれば自宅でも可能だが、行きつけのバーがあればそこで頼んでみても。「遊び心でたまにやりますよ」というバーテンダーの人もけっこういる。各ブレンディッドに使われている中核になるモルトをキーモルトというが（いくつかある）、それを思い浮かべてトライしても楽しい。たとえば、シーバス リーガルの中核、まろやかで甘いストラスアイラ（P74）か、ホワイトホースの中核、スモーキーなラガヴーリン（P43）かではまったく違った表情に。数人いれば、何が入っているか当てっこするというのもけっこう盛り上がる。ぜひ1度!

シングルモルトを巡る旅

Part ③

秩父編

秩父蒸溜所

CHICHIBU DISTILLERY

ミズナラの発酵槽、小さなポットスチル 日本発クラフトウイスキーの誕生

小さいけどこだわりのある秩父らしいウイスキーを

市街地から車で20分ほど、秩父の山並みを背景とした小高い丘の上に秩父蒸溜所はある。ウイスキーファンであれば、いまや日本のみならず世界でもその名を耳にしたことがあるであろう「イチローズモルト」。その製造元であるベンチャーウイスキーの蒸溜所だ。

詳しい経緯は後（P153～）に譲るが、ベンチャーウイスキーは、2004年に廃業し、そのままでは廃棄される運命にあった羽《は》生《ぶ》蒸溜所の原酒を引き取り、それを世に出すことを使命として肥土《あくと》伊知郎氏が設立した会社である。

「羽生の原酒を引き継ぎましたが、売っているだけではいつかなく

❶小さなキルン（三角屋根）が秩父の山並みを背景に印象的。そこには設立当初からの「いずれはフロアモルティング」をという思いが。

❷蒸溜所の入り口では「Ichiro's Malt」と描かれた樽がお出迎え。

⑤

③

④

⑦スピリッツセーフから流れ出る蒸溜したての透明な原酒。美しい。

⑧ノージングで雑味が抜けるポイントを判断する。大切な作業だ。

⑦

⑧

⑥

③1度に仕込む麦芽は400kgという少量仕込み。地元秩父産の大麦も使い始めている。

④後半の乳酸発酵を少し長めにするという発酵過程。それで少しフルーティさが増す。

⑤ヘビーでリッチな酒質をイメージしたという、小型で直立のストレート型のポットスチル。加熱はスチームコイルによる間接加熱式。

⑥ウォッシュバック（発酵槽）は世界でも例を見ないミズナラ製。

なってしまう。ウイスキーのビジネスは、先輩がつくったものを今売らせてもらい、自分たちがつくったものを未来の財産としていくものと考えています。当初から蒸溜所を立ち上げたいと思ってました」

　そう語るのは肥土氏その人だ。満を持して自社蒸溜を開始したのが2008年の2月。年産6万ℓの小さな蒸溜所だ。昨今続々と誕生している日本のクラフトディスティラリー、その圧倒的先駆けだ。だが、当時は日本のウイスキーの低迷期。まったくの逆風の中からのスタートと言えるだろう。

　では、そこで目指されているのはどのようなウイスキーづくりだろうか。肥土氏、ブランドアンバサダーの吉川由美氏とも声を揃えて言うのは「手づくりで、小さいけどこだわりのある、秩父らしさのある」ウイスキー。実際、そのこだわりは随所に見て取れる。

　〝自分たちのレシピ〟を求めていくための様々な試み。たとえば、麦芽も数種類を使うが、品種ご

❾

❾土の地面。羽生蒸溜所と秩父蒸溜所の原酒が眠るダンネージ式の貯蔵庫。秩父の気候は非常に寒暖差が大きく、熟成が深まりやすいという。さまざまなカスクで、秩父のスタイルが模索されている。

❿細かなデータとともにカスクごとにサンプリングされた多彩な原酒。ここからブレンドされる。

⓫ブランド・アンバサダーの吉川由美さんが詳細に案内をしてくれた。

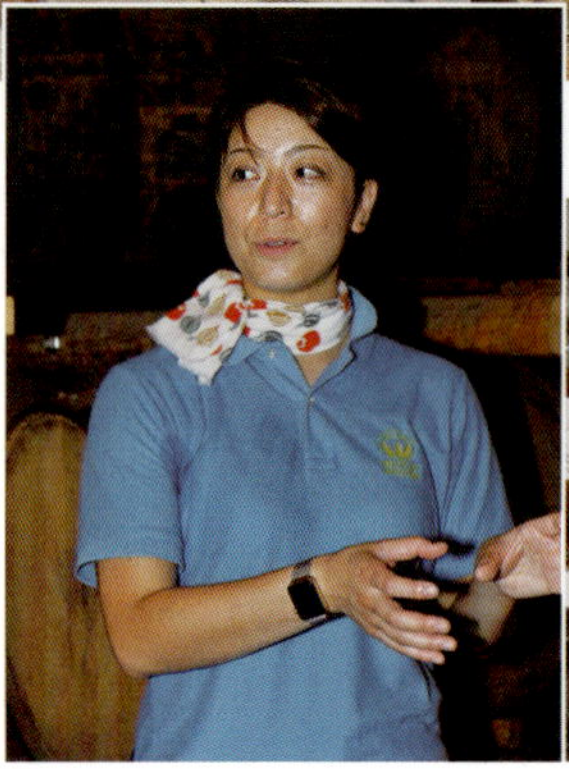
⓫

❿

との傾向がわかるように品種によって樽は別に仕込む。発酵槽は日本ならではのミズナラ製。木桶には乳酸菌が住み着くのだが、それによって秩父らしさにつながるといいと考える。現在は発酵によって酵母を変えないようにし、それによって品種や樽でどんなフレーバーの違いが出るのかがわかる、という具合だ。

各2000ℓと小さなポットスチルはスコットランドのフォーサイス社製だが、これは「酒質が軽くなり過ぎないように、銅に触れすぎない設計」(吉川氏)なのだと言う。クリーンだけどしっかりした骨格があって、厚みのあるフルーティさがある原酒。それが様々な樽を使って個性を追求しながら、秩父の風土のもと、ダンネージ式の熟成庫に眠らされている。2013年からは自社樽工場でミズナラの樽を仕立て、また少量ながら地元秩父の大麦を使い、フロアモルティングでの仕込みも開始。進化を続ける、秩父に根ざしたモルトの行方から、ますます目が離せない。

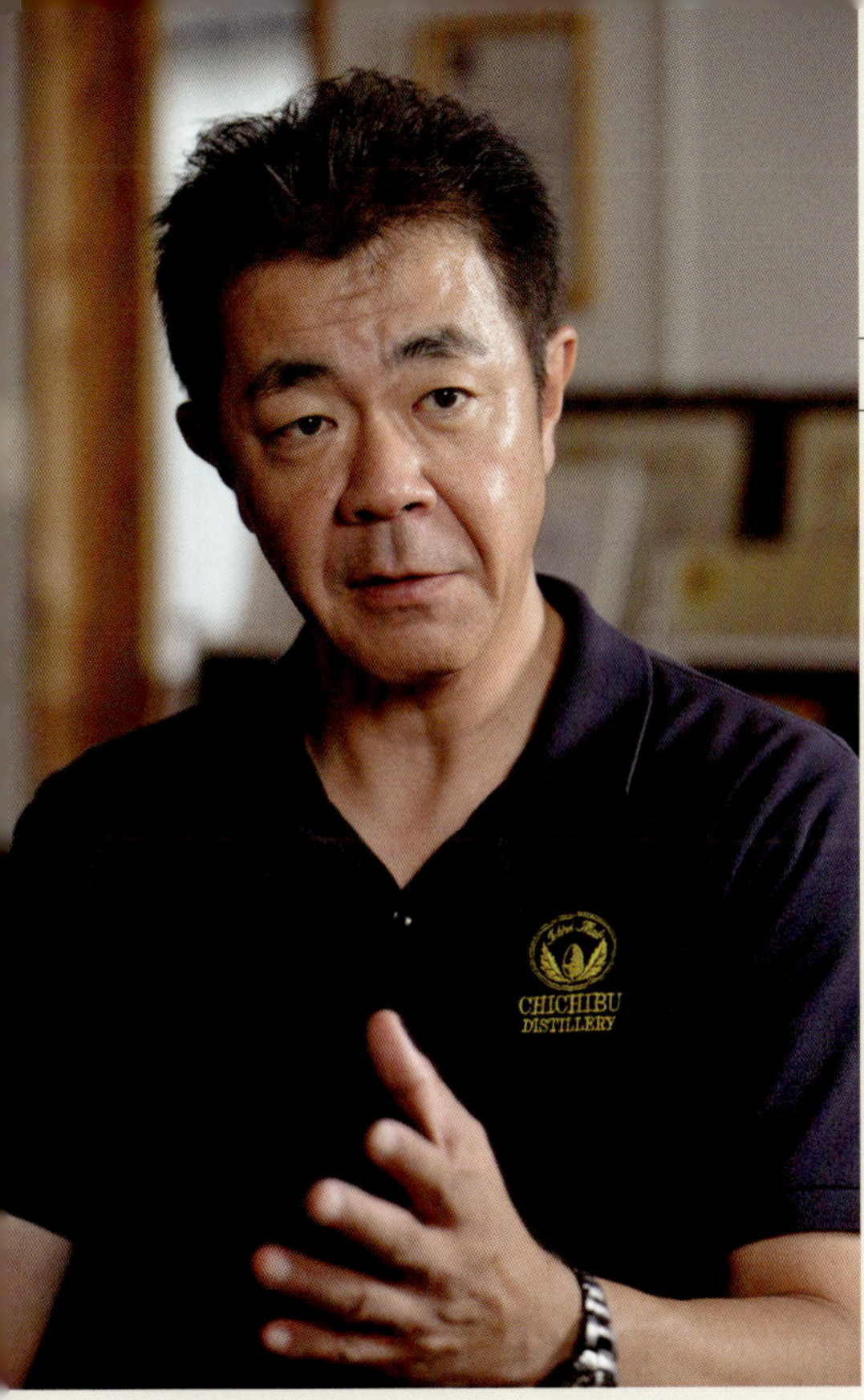

ベンチャーウイスキー
肥土伊知郎氏
Interview

左から定番商品の、「イチローズモルト&グレーン（ワールドブレンデッドウイスキー）」イチローズモルト<リーフシリーズ>の「ダブルディスティラリーズ」「MWR」「ワインウッドリザーブ」

「'50～'60年代の原酒のようなおいしさを再現するには？そのために原点回帰をしたい」

――羽生蒸溜所の原酒の魅力は、以前から感じていたのですか？

「かつて羽生蒸溜所のスタッフが言ってたのが『うちのウイスキーは飲みづらくて売れない』ということ。そこで原酒を口にしてみたときに、『確かに個性的だけど、面白い』と思った。そこでどうせなら有名なウイスキーバーのマスターに評価してもらおうと、バー雑誌片手に都内のバーをまわったんです」

――そこで返ってきた反応は？

「『これ、面白いよ』と。僕自身、水割りにしておいしい飲みやすいウイスキーに慣れてましたが、要は売り先が違っていたのだなと」

――それが「イチローズモルト」のプロモーションにも繋がる。

「そうですね。ベンチャーウイスキーを立ち上げてからの約2年間は、1日3～5軒、年360日はバーをまわっていましたね」

――延べ2000軒以上とか。

「コツコツ売っていく中で、最初の600本を売り切るのに2年以上かかりました。ただ、回転が悪いがゆえに自分が動くペースを保てたし、有名なウイスキーバーでは何となく置いてあるようになって、お客さんがマスターに聞いてくれて次第に話題になったり」

――お店ではどんな会話を？

「当時はウイスキーが全然売れていない時期。いずれ蒸溜所を立ち上げたいと夢も語りましたが、ずいぶん励ましの言葉をいただきました」

――2008年に秩父がスタート。そこで目指したものは？

ベンチャーウイスキー
肥土伊知郎氏
Interview

「当時バーでよく聞き、自分も感じたのは『昔の、'50～'60年代のウイスキーはおいしかった』。そのおいしさを再現したい。そのために、手づくりで、なるべく昔のやり方に近づける＝原点回帰をしたいなと」

――フロアモルティングしかり。

「フロアモルティングはいずれやりたいと、2008年から毎年イングランドのクリスプ社に行ってやらせてもらい、その麦芽は全量買い取って仕込んでいます。そうした中、ふと、地元の方が蕎麦の裏作で大麦を作れると。試しに作ってみるとすごくいい。そこでフロアモルティングの経験を生かして自家製麦しようと。樽工場も同じように、地元のマルエス洋樽さんにお願いして樽づくりの経験をさせてもらっていました。ところが社長が高齢で工場を締めるとおっしゃる。そこで、設備を譲り受け、技術の継承のために指導をお願いして。現在は原木の調達から主にミズナラで樽づくりをしています」

――少しずつ少しずつ形に。

「やっぱり夢を持つことなんだと思います。秩父という非常に寒暖差も大きい土地。これからどうなっていくのか、熟成も楽しみです」

ベンチャーウイスキー &イチローズモルト 略年表

2000年	羽生蒸溜所蒸溜ストップ（最後の蒸溜）
2004年	羽生蒸溜所経営譲渡。ベンチャーウイスキー設立。羽生の原酒は笹の川酒造に預かってもらう
2005年	「イチローズモルト」本格的に始動
2007年	秩父蒸溜所完成
2008年	2月、秩父蒸溜所、蒸溜開始。

※2006年、英『ウイスキーマガジン』ジャパニーズモルト特集にて、イチローズモルト・カードシリーズ「キング オブ ダイヤモンズ」がゴールドメダルを獲得したのを皮切りに受賞歴多数。2017年、WWA（ワールド・ウイスキー・アワード）シングルカスクシングルモルトウイスキー部門で世界最高賞。2018年、WWAワールドベスト・ブレンデッドウイスキー・リミテッドリリース部門で世界最高賞を受賞。

4 章

ウイスキーを愉しむ

Enjoy a dram!

ウイスキーを愉しむ ①

ボトラーズ・ブランドを飲む

**シングルモルトには、
それぞれの蒸溜所が出すオフィシャル・ボトルとは別に、
それこそ多種多様な“ボトラーズもの”がある。
その楽しみを知れば、モルトの世界はさらに広がってゆく。**

オフィシャルものとはまた違う熟成年数や樽の個性を楽しめる

スコッチのシングルモルトには、「オフィシャル・ボトル」とは別に、〝ボトラーズもの〟というものが存在している。オフィシャルとは、モルトの蒸溜所自体やその親会社によってボトリングされ、販売されるもののこと。スコッチでは、蒸溜所自体で瓶詰め設備を持つところはほとんどなく（現状で3つ）、だいたいは親会社グループが所有する瓶詰め工場でボトリングされている。要するにオフィシャルボトルとは蒸溜所元詰めのことで「ディスティラリー・ボトリング」とも呼ばれる。

それに対して、その蒸溜所を所有してない別の会社で、蒸溜所から樽ごと原酒を買い取り、独自の熟成庫や瓶詰め設備でボトリングし、販売する会社を「独立瓶詰め業者＝インディペンデント・ボトラーズ」と呼ぶ。そこから販売されるのが「ボトラーズ・ブランド（もの）」である。

そもそもスコッチは、ブレンド業者や酒販業者、酒販許可書を持つ食料品店などに樽のまま売られていたのであり、そこで自社ラベルを貼り、独自に商品化して売り出したのが始まりである。最古のボトラーズは、1842年にアバディーンで創業されたケイデンヘッド社であり、次いで1895年にエルギンで創業されたゴードン＆マクファイル社（GM）がある。

かつてはこの2社でほぼ代表されていたボトラーズものだが、1980年代以降、シングルモルト・ブームを受け一気に増加。店舗を持たないボトラーズや中小のブレンド業者の参入、また、イタリアやドイツにも独自のボトリングをする会社が生まれるなど、現在は百花繚乱といったところだ。

ボトラーズものの楽しみは何かといえば、オフィシャルものでは存在しない蒸溜年や、熟成年数のモルトを味わえること。同じ蒸溜所でも、蒸溜年代によって味わいが違ったり、樽レベルではまたひと味違った個性を味わうこともできる。ほとんどオフィシャルを出していない蒸溜所や、閉鎖・休業してしまった蒸溜所のモルトもボトラーズでしか味わえないものだ。また、ボトラーズものは、一つの樽からそのままボトリングした、シングルカスク、カスク・ストレングス、さらに冷却ろ過をしないノン・チルフィルターのものが多い。モルト本来の風味をより濃厚に味わえるのも魅力の一つなのである。

ボトラーズ・ファイル①

ゴードン&マクファイル社

GORDON & MACPHAIL

独立瓶詰め業者の先駆者にしてシングルモルト・ブームの陰の立役者

１８９５年、スペイサイドのエルギンで高級食料品店として創業。独立瓶詰め業者としては最も老舗の一つで、誰もが認める先駆的存在だ。シングルモルトを売り出したのは20世紀初めからで、蒸溜したての原酒を買い付け、自社独自のシェリー樽に詰めて熟成させている。店舗とは別に巨大な熟成庫を持ち、膨大な樽の在庫を誇っている。現在の原酒樽の総保有数は１４０００樽以上とも。モルト愛好家の期待に応え、さまざまなシリーズをリリースしてきたが、稀少なボトルが多く揃う「コニサーズ・チョイス（鑑定家の選定の意味）」シリーズなどはつとに有名。１９９２年にはベンローマック蒸溜所を買収し、所有してもいる。

↑つとに有名な「コニサーズ・チョイス」シリーズでは、モルトをブレンディッドにしか回さない蒸溜所や閉鎖された蒸溜所など、貴重なモルトが厳選されている。コニサーズは鑑定家という意味。古地図の図柄のラベルも印象的。

←左から、「アードベッグ1991、40度」ピーティな中に柑橘系のフレーバーが印象的なコニサーズチョイス。GMがオフィシャルのように出していた「モートラック1969、40度」、シェリーカスクの典型的な味わい「グレンリベット1977、59.5度」。

ボトラーズ・ファイル②

ウイリアム・ケイデンヘッド社

WILLIAM CADENHEAD'S

〝カスク・ストレングス〟を飲む魅力を知らしめた業界最古の雄

1842年にスコットランドのアバディーンで創業したワイン商で、独立瓶詰め業者としては最古。豊富な在庫を持ち、ゴードン&マクファイル社と並ぶ業界の雄だ。現在はキャンベルタウンに本拠を構え、スプリングバンク蒸溜所とは同資本（J&A・ミッチェル社が所有）で、ボトリングは同蒸溜所で行っている。エジンバラとロンドンに直営店を持っている。同社では、カラメル着色や冷却ろ過をせず、基本的にシングルカスクでボトリング。樽の中のアルコール度数そのままで瓶詰めする〝カスク・ストレングス〟が中心。度数は高いがより強い個性としてモルトを味わえる、オフィシャルにはないボトラーズものならではの魅力を世に知らしめた功績は大きい。

↑同社の代表的なシリーズの一つ、カスク・ストレングス（＝樽出し原酒）の「オーセンティック・コレクション」。以前は緑色のボトルだったが現行品は透明な瓶に。個性的な味わいで、多くのモルトを飲んできた通なファンにも人気。

←左から、オフィシャルとしては販売されたことがない「グレンクレイグ1981、56.2度」、ずんぐりした黒ラベルは昔のケイデンヘッドでレア「ブレアアソール1966/23年、46度」、グリーンボトルのオーセンティック・コレクション「スプリングバンク1980/18年、53.4度」

ボトラーズ・ファイル③

シグナトリー社

SIGNATORY

シングルカスクへのこだわりと多彩なコレクションで人気

アンドリューとブライアンのシミントン兄弟が1988年にエジンバラで設立。比較的新しい会社ながら、独自のボトリング工場と熟成庫を持ち、多彩なコレクションで人気がある。すべてのボトルがシングルカスクで、基本的には他の樽とヴァッティングしないのも特徴だ。ラベルにはカスクナンバーやボトリングナンバーも記され、一つひとつの樽の個性を楽しめる。正式名称は、シグナトリー・ヴィンテージ・スコッチ・ウイスキー社。2002年から、エドラダワー蒸溜所を所有。

←Sマークの樽のイラストがシンボルの「ナチュラルカラー」シリーズ。もちろん、無着色。蒸溜年月日、ボトリング年月日、カスクナンバー、何本瓶詰めした内の何本目かまで記されている。

←左・新シリーズのアン・チルフィルタード・コレクションで、ポート・フィニッシュされている「カリラ1991／12年、46度」、右・ナチュラルカラーシリーズの「エドラダワー1976／24年、50・8度」

ボトラーズ・ファイル④

ダンカンテイラー社

DUNCAN TAYLOR

遺贈されたコレクションは膨大なポートフォリオを持つ

もとはアメリカのアベ・ロッセンベルグが、1960年代初頭からスコットランド全域で購入し、熟成された膨大なコレクション。氏の死後、2000年にスコットランドのハントリーにある現在の社によって購入され、2002年よりボトリングされている。長熟で希少性の高いボトルとして定評のある「ピアレス・コレクション」とスタンダードタイプの「ウィスキー・ガロア」シリーズがあり、人気。どちらも無着色、ノンチルフィルタリング。

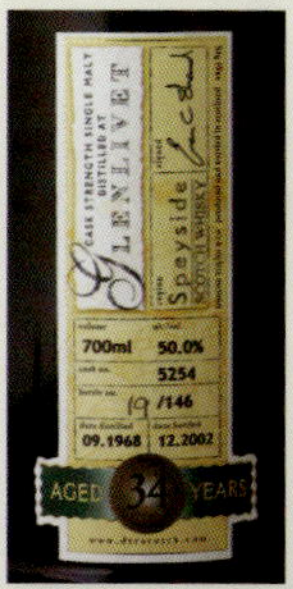

←同社を代表する「ピアレス・コレクション」。ピアレスとは比類ないという意味で、何千丁という樽の中から、最高品質のモルトをボトリング。長熟で希少性の高いボトルが揃う。カスクストレングスのシングルカスク。

←左・マスカットの種を噛んだような味わいというピアレス・コレクションの「グレンリベット1968／34年、50度」、右・加水タイプのウィスキー・ガロア・シリーズの「ロングモーン1987／16年、46度」

ボトラーズ・ファイル⑤

サマローリ社

SAMAROLI

オーナー自らが樽を厳選する知る人ぞ知るイタリアンボトラー

オーナーはイタリア・ボトラー界のカリスマとも呼ばれるシルヴァーノ・S・サマローリ氏。イタリアのブレシアに本拠を構えている。同氏自らがテイスティングして厳選したモルトのみをボトリング、瓶詰め前の試飲で気に入らないものは樽ごと転売してしまうという。生産量は少ないが、蒸溜所の個性がしっかり感じ取れる、品質の高さには定評があって人気が高い。ボトルデザインもシンプルで洗練されていて、こだわりが感じられる。

←シンプルで美しいボトルデザインは、昔のスコッチをイメージしたといわれるシリーズ。コルク栓が使用され、ラベルの紙にも凝っている。中身にも外見にも独自のこだわりが感じられるのがいかにもイタリアン・ブランド。

←左・ペン画タッチの蒸溜所イラスト、手書きの文字がいい雰囲気「ロングロウ1987、45度」、左・一見イタリアワインのようにもみえる洒落たボトル「タリスカー1988、45度」

ボトラーズ・ファイル⑥

キングスバリー社

KINGSBURY'S

ラベルに記された鑑定家のテイスティングノートも楽しい

もとはキャンベルタウンのイーグルサムという名の会社だったが、現在は改称され、ロンドンに本拠を構える。初リリースは1994年と新しいが、当初から日本市場を意識したラインナップ。キングスバリー・シリーズは、ラベルに蒸溜年月日、瓶詰め年月日、樽の種類……など細かいデータとともに、テイスティングノートも記載され、楽しめる。2000年に発売されたケルティック・コレクションは、ラベルのケルティック文字も美しく人気。

←キングスバリー・シリーズ。ラベルには、蒸溜年月日、瓶詰め年月日、蒸溜所の地域、所有者、樽の種類、樽番号まで記載され、さらに鑑定家によるテイスティングノートまで。いろいろ想像しながら個性を楽しめる。

←左・厳選した長期熟成のカスク・ストレングス、ケルティック・シリーズの「ラフロイグ1980、50・1度」、右・オフィシャル自体も非常にレアな「ロイヤルブラックラ18年／1979、62・3度」

ボトラーズ・ファイル⑦

ウイルソン&モルガン社

WILSON & MORGAN

わかりやすいボトルデザインや コストパフォーマンスも人気

ボトラーズとしては1992年にエジンバラで創業された新しい会社。もともと創業者ファビオ・ロッシ氏の父の代から、イタリアへのモルトの輸入を手がけていた。さまざまな熟成年数のボトルが揃い、仕上がりのよさとコストパフォーマンスにも定評があって、ボトラーズ界の新星として注目を集めている。基本的には加水した46度でボトリングされている。蒸溜年や熟成年数がひと目でわかるボトルデザインもユニークで人気がある。

←ヴィンテージがひと目でわかる、シンプルでユニークなラベルデザインが特徴的。熟成年数を大きく示したパターンもある。さまざまな熟成年数がチョイスできるのも人気の秘密。46度が基本だが、カスク・ストレングスもある。

←左・典型的なスコッチらしさを感じさせる、カスク・ストレングスの「リンクウッド10年／1988、58・7度」、右・果物香がとても出ていたころのボウモア「ボウモア1989・アルマニャック・フィニッシュ、46度」

ボトラーズ・ファイル⑧

ムーン・インポート社

MOON IMPORT

ド派手なラベルデザインは コレクターズアイテムとしても人気

1980年創業で、オーナーはイタリア、ジェノヴァの酒商、輸入業者であるモンジャルディーノ氏。サマローリとともにイタリアの2大ボトラーと呼ばれている。オーナー自ら一樽ごとにテイスティングして選び出すというモルトのクオリティもさることながら、斬新なラベルデザインに注目。CGを駆使して描かれるデザインには、爬虫類や鳥類、クラシックカー、月の世界などいろいろなシリーズがあり、コレクターズアイテムとしても人気が高い。

←コンピューターグラフィックスで爬虫類が描かれた"THE ANIMALS"シリーズ。これは毒々しいが、ほかにもいろいろなアニマルや、鳥類、魚類、帆船やクラシックカーなど、斬新で目を引くデザインのラベルが揃っている。

←左・ご覧のとおり蛇があしらわれたデザイン「タムデュ1967／34年、52・5度」、右・かなり渋味の強いシェリー樽で、相当濃い色合いだが、無着色「ロングモーン1973／28年、59・1度」

ボトラーズ・レポート

GORDON & MACPHAIL

ゴードン＆マクファイル社

「“最初のもの”を世に送り出す、
そんなパイオニア精神が原点です」

❶

❶1895年にワインやウイスキーも扱う食料品雑貨店としてオープンした店舗は、今も変わらずエルギンの街にある。ウイスキーはもちろん、“グッド・クオリティ”な食料品も扱われている。

❷

❷スピリッツセイフを模したケースに入れられた逸品中の逸品、1938年蒸溜のモートラック。数年前にボトリングされた60年ものだ。

今でこそシングルモルトはめずらしくないが、つい20～30年前まではほとんどのモルトはブレンディッドに回されていた。ゴードン＆マクファイルが、スペイサイドのエルギンに食料品雑貨店として店を構えたのは1895

年。それを考えると、その翌年にはハイランド外部にもシングルモルトを売り始め、１９１４年には輸出も始めていたというのは、かなりの驚き、先見の明といっていいだろう。

特に50年代以降、現オーナーの祖父に当るジョージ・アーカート氏のもと、積極的に数多くの蒸溜所のモルトが購入され、熟成された。現在ではシングルモルトは種類にして87に及び、もちろんヴィンテージも幅広く、相当にレアなものも多い。１９６０年代につくられたというエルギンの熟成庫を見せてもらったが、錚々たるもの。そこに眠るのが７０００樽、各蒸溜所に預けてある樽がさらに７０００樽もあるという。

「１番の強みは、今も全蒸溜所の60～70％といい関係を持っているということですね。基本的には自分たちで熟成するためのいい樽を選び、そこにそのときつくられたものを詰めてもらうわけです」

と語るのは、マーケティング・ディレクターのイアン・チャップマン氏だ。ではなぜいい樽が得られるかというと、そもそもが食料品雑貨店として昔からシェリーやワインを買い付けているコネクションがあるからだという。いうまでもなく、エルギンの中心に今も変わらずある店舗は、愛飲家にとってぜひ訪れてみたい場所だ。そこには、実に８０６種類のウイスキーが置かれている。

❸店内はリニューアルされたということできれいで心地いい。ここが“ウイスキー・ルーム”で置かれてる数は806種類!

❹樽をかたどったディスプレイ上のドームの中には、レアなボトルの数々が。予算はともかく、いろいろと見ているだけでも楽しい。

❺こちらは本社のサンプリングルーム。品質管理のために、過去3年にボトリングされたもののサンプルが棚にずらりと並ぶ。宝の山に見える。

❻サンプルボトルには、蒸溜所名、蒸溜年、樽ナンバー、サンプリング日、責任者のサインなどがそれぞれ記されている。

ウイスキーを
愉しむ
②

レア・ボトルを飲む

今はなき蒸溜所の“幻モルト”を追え！

非運なことに閉鎖に、あるいは操業停止となってしまった蒸溜所の中にも、1度ならず飲んでみたい美酒は多々ある。もちろん、もはやオフィシャルではほぼなく、ボトラーズものに期待である。レアではあるがぜひお目にかかりたい“幻モルト”。どこかのバーで出会えるチャンスがあれば、ぜひお試しを!

↑左・ダグラス・レイン（ボトラー）のトップ・ノッチ・コレクションでカスク・ストレングスの21年。甘めで香りがすごくいい。右・まだ残る熟成庫から2001年に6000本の限定版でボトリングされた番号付きの“オフィシャル”「1979/22年、56.2度」。強烈にアイラらしさが感じられ、評価の高いボトル。

ポートエレン PORT ELLEN Islay!

ピーティで複雑、絶妙のバランス 飲まずにいれない！幻のアイラ

熱烈なファンも多い、失われたアイラモルト。1930年から'67年まで40年近い休止の後、生産が再開されたが、1983年を最後に閉鎖。その間はわずかに16年だ。残り少ない在庫を知るのは今やディアジオ社のみだ。ピートと海を感じさせ、フレッシュでスモーキーな香り。リッチでオイリー、複雑で幅のあるスパイシーなテイスト。長く変化に富んだフィニッシュにはビターチョコとドライな潮風。2001年以降オフィシャルとして出されているリミテッド・エディション、ボトラーズではダグラス・レインのシリーズなどが意欲的。

→左・ザ・ブラザーズの「1981/19年、61度」。リフィルのシェリー樽で、度数はあるが上品で女性的な味わいのブローラ。右・2003年にオフィシャルで出た3000本限定の「30年、55.7度」。クライヌリッシュより、よりパンチが効き、楽しく外向的といわれる傑作。

ブローラ BRORA Northern Highlands!

北ハイランドにしてアイラ!? 海岸的にしてリッチなモルト

1967年、北ハイランドのクライヌリッシュ蒸溜所が隣に新蒸溜所を建設。古い方は'69年にブローラと改名された。建設の理由は、親会社が使うブレンド（ジョニー・ウォーカー）用のピーティなアイラモルトが不足していたからで、ブローラでは特に70年代前半にかけてヘビーにピート焚きされたモルトが使われている。北ハイランドとアイラのテイストを合わせ持つコアなモルトの誕生である。スモーキーさの中にビッグなフレーバー。海風の香りと塩味。オイリーで、辛口のマスタードのようなフィニッシュ。1983年に閉鎖。

ローズバンク ROSEBANK Lowlands!

ローランドの伝統を伝え
熱烈なファンの多い美酒

失われた幻のモルトが多いローランド。その中でも、伝統の3回蒸溜でつくられた最高の典型で、“ローランドの女王”とも称される。かつてバラが咲き誇ったといわれる、フォース・クライド運河沿いに18世紀後半に創業。1993年に閉鎖され、再開の見込みは絶たれている。アロマティックで花のような香りに、レモンやハーブを感じさせ、軽くクリーミー。ほのかな甘味と絶妙なドライさがあり、クリーンでフレッシュ、スムーズなフィニッシュが。ディアジオ社によるレアモルト・シリーズのほか、ボトラーズものが各種出ている。

↑左・心地いい甘さが広がるハート・ブラザーズ、ファイネスト・コレクションの「13年/1990、58.3度」。右・スコットランド人のマシュー・D・フォレストというカリスマ・ボトラーによるプライベートボトル。セレクトにはとても定評がある「1992、58.5度」。

↓左・チール・ナンノックは、日本のボトラー、スコッチモルト販売の閉鎖した蒸溜所のシリーズ。クリーミー、「1979、59.8度」。右・ディアジオ社のレアモルト・セレクションは、時間の経過とともにどんどん開いてくる。蜂蜜のよう、「24年/1970、60.54度」。

ダラスドゥー DALLAS DHU Speyside!

繊細でスムース、蜂蜜のよう
スペイサイドの隠れた美酒

インヴァネスとエルギンの間にあるフォレスの街に1899年に創業。もとは1880～90年代に人気のあった“ロデリック・ドゥー”というブレンディッドのためにつくられたモルトだ。DCL社の手にあった1983年に突如閉鎖され、現在は蒸溜所全体がウイスキー博物館として保存され、一般に公開されている（機会があればぜひ!）。蜂蜜やキャラメル、レモンの香り。口当りはソフトでスムーズ。いくぶんスパイシーでフルーティ、微かにチョコレート。フィニッシュはクリーンでやわらかだ。スペイサイドの隠れた幻の美酒!

ウイスキーを愉しむ ③

ウイスキーとつまみのマリアージュ

**今宵の一杯に合わせて
とっておきのひと皿を!**

指導／「BAR緩《ゆる》木《ぎ》堂《どう》」曽根洋一さん

**食前酒、食後酒たるウイスキーにつまみなんて必要ない。
そう思う向きも多いかもしれない。
でもちょっと待った。ウイスキーを愉しみつつも、
ちょっと小腹が空いて何か欲しいなというときに、
その一杯とベストマッチなワンディッシュがあったなら…。
というわけで、それぞれウイスキーの個性を活かしつつ、
つまみとのマッチングに挑戦!**

ウイスキー、中でもシングル・モルトは個性が強い分料理とは合わない、せいぜいナッツくらいをつまみに、それ自体をそれだけで味わうべきだという意見もある。確かに上質なモルトは、それだけで完結して味わうに値するものだ。とはいえ、ウイスキーがすべて料理に合わないなんていうことはまったくない。今宵の一杯、その個性を充分に意識してやれば、絶妙のハーモニーをもたらしてくれるものも数多い。たとえば、ウイスキーに合わせやすいものとしてスモークサーモンは一つの定番だが、海に面した蒸溜所のスモーキーで潮の香りを含んだ味には魚介系のスモークを、シェリー樽系でレーズンのような風味、甘さのあるものにはチョコレートを、ちょっと荒々しく潮気の効いたモルトには塩気の強いチーズなどを……。面白いところでは、ノンピートのモルトと和食の天ぷらや揚物のマッチングなども。バーボン、ジャパニーズ、アイリッシュ……、さらには飲み方にも変化をつけていけば、それこそいろんなマッチングが見えてくる。シーンや気分に合わせて、もっと自由闊達にウイスキーを味わうべし!

スコットランドでは…

本場スコットランドでスコッチのつまみといえば……? ウイスキーのしみ込んだ樽廃材を使ってスモークしたサーモン。あるいは伝統料理として有名なハギスもいい。ハギスはやわらかく煮た羊の内臓と炒めたタマネギをミンチにして混ぜ合わせ、大麦、塩、香辛料を加え、羊の胃袋に詰めて茹でたもの。熱々に、たっぷりとシングルモルト・ウイスキーを振りかけて食べるのがイケる! スモーキーで個性の強いモルトとの相性が抜群。

噛むほどに染み出すうまみと絶妙のハーモニー

アイラの入門ボトルともいえるボウモアは、蒸溜所が海辺にあり、海藻にも似た香りと上品なスモーキーフレーバーを持つ。スモークサーモンなど魚介類との相性は抜群だ。今回はたこのマリネとマッチアップ。独特のヨード臭が、たこを漬け込んだマリネ液の甘酸っぱさや油分と調和。噛むほどにしみ出してくるたこの旨みと相まって、絶妙のハーモニーに。ピンクペッパーの刺激がアクセント。このマリネには、シェリー樽の香りが強いタイプよりバーボン樽で寝かせた穏やかなタイプがベター。たとえば、グレンロセスやグレンキンチーなどにも合う。

Recipies
P.171

1

たこのマリネ
marinated octopus

飲み方
トワイス・アップ
(→P175)

ボウモア12年
Bowmore12

甘い香りがクリーミーな口当りとマッチ

スペイサイドのトップドレッシング・モルトとしても定評のあるグレンロセスは、酒質のバランスがよく、飽きのこない味わい。合わせたのは、黒蜜と抹茶のリキュールを混ぜたソース＆ブルーチーズ、パセリと生クリームを練り込んだブルーチーズ＋トマト＋チコリ、クリームチーズ＆ゴディヴァリキュール、トルコラムチーズの盛り合わせ。グレンロセスの甘い香りが、チーズのクリーミーな口当たりや甘味にベストマッチ。グレンロセスはかなり「来るものを拒まない」。甘い食べ口のチーズはアイル・オブ・アラン、スパイシーな味わいのチーズはグレンモーレンジィとの相性もいい。

2

チーズの盛り合わせ
cheese assortment

飲み方
トワイス・アップ
(→P175)

グレンロセス1992
Glenrothes1992

遊び心も一緒に
フレッシュさが楽しめる

世界で最も飲まれているスペイサイドのモルト。ソレラリザーブは、シェリーの熟成方法で知られるソレラシステムを採用したものでひと味違うバランスのよさだ。ストレートではつまみに合わせるとフローラルな香りが際立つので、トニックで割ることでフルーティで甘酸っぱいカクテル「クリスタル（緩木堂オリジナル）」に。ブルーキュラソー、トニックウォーター、グレンフィディックの順にグラスに注ぐ。アボカドのまったり感やトマトのフレッシュな酸味、生ハムのほどよい塩気が、フルーティでちょっと刺激的な“フィディック”と絶妙なハーモニーを見せる。

飲み方
トニックウォーター・アップ

グレンフィディック15年
ソレラリザーブ
Glenfiddich15 Solera Reserve

3 生ハムとアボカドのサラダ

Recipies
P.171

avocado and prosciutto salad (with white wine vinaigrette)

濃厚な旨み、染み出す油分と
完璧な融合

ジョニー・ウォーカーの原酒として有名なこのスペイサイドモルトは、ライトタイプでやさしく入りやすい飲み口ながら、フィニッシュはドライで飲み応えもある。この酒には、鮭を冬の寒風に当てて熟成・乾燥させた鮭冬葉（とば）をマッチング。冬葉は皮を取り除いてそのまま食べてもよいが、軽くあぶればさらに旨みが凝縮される。鮭冬葉特有の濃厚な旨み、塩辛さ、ほどよく染み出した油分が、カードゥの味わいと完璧な融合を果たす。このほかにも、冬葉には、カードゥに隣接し、バタースコッチとして有名なノッカンドゥのトワイスアップも抜群の相性を見せる。

飲み方
トワイス・アップ（→P175）

カーデュ12年
Cardhu12

4 鮭ハラスの冬《と》葉《ば》

crispy dried salmon skin

ノンピートの上品モルトと日本料理が好相性

ローランド寄りのハイランド地方にあるこの蒸溜所の酒の最大の特徴は、ピートをまったく焚き込んでいないことだ。それだけに仕込みに使われる樽由来の香りや、原料となる麦芽の風味が素直に現れている。ノンピートのシングルモルトといえば、ほかにはスキャパやヘーゼルバーンもある。スコッチ独特のピート臭がなく、まろやかでコクがあり、繊細な味わいのモルトは、上品な日本料理と実によく合う。なかでも、旬の素材を使った天ぷらや揚げ物との相性は絶妙。天ぷらは季節によって若竹もオススメ。ほろっとくる食感、はさみ揚げの梅肉の刺激もまたよく合う。

飲み方
トワイス・アップ
(→P175)

5

Recipies P.171

竹の子の天ぷら、ささ身の梅肉はさみ揚げ

bamboo shoot tempura, fried chicken fillets with plum

グレンゴイン17年
Glengoyne17

シェリー樽由来のリッチなテイストとのマッチ

元英国首相、サッチャー氏の愛飲酒としても有名なモルトは、昔ながらの家族経営とこだわりを貫いた味わいで、熱烈なファンも多い銘酒だ。その特徴はシェリー樽で寝かされたモルトならではの香味と重い味わいに現れている。熟した果実のような風味やレーズンのような甘さ。リッチで豊かなテイストと、生チョコやドライフルーツの濃厚な甘味とがよく絡み合う。逆に、バーボン樽や何度も使い回された樽で寝かされた繊細な味わいのモルトでは、こうした濃厚な味わいには負けてしまうだろう。シェリー樽の代表的なモルト、マッカランなどとももちろんよく合う。

飲み方
ストレート (→P174)

6

生チョコ&ドライフルーツ

chocolate ganache and dried fruits

グレンファークラス15年
Glenfarclas15

食べながら飲む
ジャパニーズ・モルトの楽しみ

京都の名水地、山崎で生まれた日本を代表するウイスキー。その最大の特徴といえるのは、水割りにしてもバランスの壊れないことである。山崎12年は、ストレートにもふさわしい多彩で華やか、重厚で円熟した味わい。ただ、そのままでは樽の香りが芳しく、少々料理とは合わせにくいので、ハーフロックに。ほどよく香味が薄れ、食べながら飲むのにバランスのいい飲み口になる。コンソメベースのスープにソーセージと厚切りベーコン、トマトやザワークラフトを一緒に煮込んだ重めの総菜と合わせてみる。いくらでも飲め、かつ食べられてしまう絶好の組み合わせに。

飲み方

ハーフロック（→P176）

山崎12年
Yamazaki 12

7 ソーセージとベーコンの煮込み

sausage and bacon casserole

Recipies
P.171

ガブガブ飲《や》りながらつまむ
アメリカン・スタイル

ジム・ビームの原酒の中でも選りすぐった樽だけからボトリングしたまさに生粋のバーボンがブッカーズ。樽出しの強烈なアルコール度数を誇る男酒だが、レモンまたはオレンジスライスをグラスで潰し、ソーダアップしたミストスタイルのカクテルにすると、信じられないほど爽やかで飲みやすい飲み物に。こうなれば、ケンタッキーの強い陽射しを思い浮かべつつ、ガブガブやりながらつまめるフライドポテトがベストパートナーだ。ジャリッとした歯応えの乾き物（ナッツやジャイアントコーンなど）とも好相性。塩気と香ばしさが後を引くドライ納豆ともベストマッチ。

飲み方

ソーダアップ・ミストスタイル（→P176）

ブッカーズ
Booker's

8 フライドポテトのツナディップ添え＆ドライ納豆

fried potatoes with tuna dip & dried Natto beans

Recipies
P.171

ウイスキーに合う つまみ レシピ

ここで紹介しているつまみは、どれも特別な材料やテクニックは必要ない手軽なものばかり。

サッと作って、じっくりとマリアージュを楽しもう。

1 たこのマリネ

P.167

●材料（2人分）

たこ（刺し身用）100g　酢少々　玉ねぎ1/4個　マリネ液（サラダ油大さじ4　酢大さじ2と1/2　塩小さじ1弱　マスタード、プレーンシロップ〈ガムシロップでも可〉各小さじ1）　ピンクペッパー適量

●作り方

①たこは薄めのそぎ切りにして酢でしめる。玉ねぎは薄切りにして水にさらす。

②マリネ液の材料を混ぜ、たこ、水気をきった玉ねぎを加えてあえる。

③たこがマリネ液となじんだら器に盛り、ピンクペッパーを散らす。

3 生ハムとアボカドのサラダ

P.168

●材料（2人分）

アボカド1/2個　トマト1/2個　生ハム6枚　ドレッシング（サラダ油大さじ1と1/2　レモン汁大さじ1　白ワインビネガー小さじ1　砂糖小さじ1/4）　粗びきこしょう適量

●作り方

①アボカドは種を取って皮をむいて6等分の薄切り、トマトも6等分の薄切りにする。

②アボカドとトマトの薄切りを1枚ずつ重ね、それぞれ生ハムで巻き、器に盛る。

③ドレッシングの材料をよく混ぜ、②にかけてこしょうをふる。

5 竹の子の天ぷらと ささ身の梅肉はさみ揚げ

P.169

●材料（2人分）

ゆで竹の子1/2個　ささ身2本　大葉2枚　梅肉小さじ2　しし唐2本　だし汁（昆布5cm　花かつお10g　水1カップ）　塩少々　衣（水1カップ　小麦粉1/2カップ　卵1個）　揚げ油適量

●作り方

①鍋に昆布と水を入れて5～10分おき、強火にかけて沸騰直前で火を止め、花かつおを入れてひと煮立ちさせ、だしをとり、塩を加えて混ぜる。

②竹の子を食べやすい大きさに切って①に15分漬ける。

③ささ身は切り込みを入れて観音開きにし、梅肉をぬって大葉をはさむ。

④衣の材料を混ぜ、汁気を切った竹の子をくぐらせ、170℃に熱した揚げ油でカラリと揚げる。③のささ身も同様にして揚げる。しし唐は素揚げする。

⑤ささ身は半分に切り、竹の子、しし唐とともに器に盛る。

7 ソーセージとベーコンの煮込み

P.170

●材料（2人分）

ソーセージ5本　ベーコン80g　トマト1/4個　ザワークラウト（市販品）大さじ2～3　A（水1カップ　顆粒ブイヨン小さじ2　ブラックペッパー少々）　ケイパー小さじ1/2　パセリのみじん切り少々

●作り方

①ベーコンは3～4cm幅に切り、トマトは細かく切る。

②鍋にソーセージ、ベーコン、トマト、ザワークラウト、Aを入れて強火にかけ、煮立ったら、中火にして5～6分煮る。火を止める直前にケイパーを入れて混ぜる。

③器に盛り、パセリのみじん切りを散らす。

8 フライドポテトとツナのディップ

P.170

●材料（2人分）

じゃがいも2,3個　ツナ（缶詰）大さじ2　玉ねぎのみじん切り大さじ3　マヨネーズ大さじ1強　レモン汁少々　揚げ油適量

●作り方

①じゃがいもはよく洗って皮付きのままくし形に切る。揚げ油を170℃に熱して竹串がすーっと通るまでじっくり揚げる。

②ツナ、玉ねぎ、マヨネーズ、レモン汁を混ぜてディップを作る。

③じゃがいもを器に盛り、ディップを添える。

シングルモルトを巡る旅
Part ❹
パブ編

①

こだわりのモルトはもちろん、パブには“スコットランド”の熱気が気持ちよく詰まってる

③

②

❶グラスゴーのパブ「ザ・ポットスチル」の店内。シングルモルトの品揃えはグラスゴーで1番とも。地元の人々はもちろん、世界中からウイスキー好きが来て立ち寄る。

❷アイラ島、ボウモアの街にある『ロッホサイド・ホテル』のパブ。マスターが手にするアイラモルトはもちろん、シングルモルトは400種類以上と充実。海岸に面したテラスも気持ちいい。

❸スペイサイドのクレイゲラキにある『ハイランダー・イン』のバーも、年代、蒸溜所とも幅広い、魅力的なシングルモルトの品揃えで評判。アットホームな雰囲気で、食事もおいしい。

5

6

4

7

8

9

❹『ザ・ポットスチル』のバーマン、フランク氏。地元で人気のあるモルトは?と聞くと「オーヘントッシャン」（グラスゴー郊外に蒸溜所がある）との答えが。納得!

❺アイラ島では生牡蛎もおいしい。スモーキーなシングルモルトを殻の中に少々垂らし、するっと一緒に口に運ぶのが現地流の食べ方。実にイケる!

❻チキン胸肉のハギス詰め、ブラウンソース。ハギスは羊の肉や内蔵、タマネギを細かく刻んだものをオートミールと一緒に羊の胃袋に詰めて茹でたもの。ウイスキーやビールとの相性は抜群。

❼パブフードの定番の一つ、ステーキパイ。ギネスなどで煮込んで柔らかくなったビーフとふんわりサクサクのパイ生地の相性が最高。スコットランドはビーフやラムもとてもおいしい。

❽これは魚介類のサラダプレートの一例。スモークサーモンの美味さはもちろん、ニシン、サバ、トラウト、タラ、エビ、他にもムール貝など……。スコットランドは海産物も豊富で美味!

❾こちらでは朝食にも欠かせないブラックプディング。豚の血を固めて作った黒いソーセージ。なかなか深みのある味で、一度ハマるとちょっとやめられないおいしさ。

スコットランドの旅で、昼は蒸溜所巡りを楽しんだら、夜は……？　もちろん、パブに向かうことをおすすめする。1日動き回ってかなりお腹も空いているんだけど……。もちろん、そんな場合も含めて。

パブは、もともとパブリック・ハウスの略で、みんなに開かれた場所くらいの意味だが、実際敷居は高くない。たいがいはフレンドリーでアットホーム。飲み物はビールを飲んでる人が多いが（エールがまた旨い！）、当然スコッチもある。おすすめは、やはり地元のモルトを飲むこと。地元で飲む酒は不思議とやはり文句なく旨い。スペイサイドならスペイサイド、アイラならアイラで、シングルモルトの品揃えが充実した名パブもある。そうしたところなら、地元の雰囲気ごと、コアな気分でモルトを楽しめるはずだ。

ところで、パブでは食事も楽しめる。〝パブフード〟と呼ばれるそのメニューはかなり充実。というか、そもそもスコットランドはおいしい！　当然ビールやウイスキーにも合う、そういうものがたくさんある。スモークサーモンやニシンの燻製、牡蛎に代表される海産物。パブフードの定番、ハギスやステーキパイ、ブラックプディング（豚の血を固めて作ったソーセージ）。ベニッソンと呼ばれる鹿肉の料理なども楽しめる。付け合わせも含めて、ボリュームもかなりたっぷりだ。地元の人々はそこで、ともかくよく飲み、食べ、楽しそうによくしゃべっている。スコットランドならではの、そんな雰囲気ごと満喫したい。

ウイスキーを
愉しむ
④

ウイスキーのおいしい飲み方

ちょっとしたポイントを押さえるだけでグッとおいしく!

いつもとちょっと飲み方を変えてみるだけで、
また違った表情を見せてくれるのもウイスキーの楽しさ。
香りや味の個性を充分に楽しむために、
ちょっとだけポイントを押さえつつ、
その日の気分でいろいろと楽しみたい。

水や氷、グラスにも少しだけこだわってみる

ウイスキーの飲み方に規則はない。もちろん自由に楽しめばいいのだが、いくつかポイントを知っておき、それぞれのウイスキーの個性をうまく引き出してあげられれば、もっと深く楽しめる。ポイントのひとつは香り。実は香りは冷たくするとあがってこない。常温で空気に触れるとゆっくりと開いてくるものだ。香りと味の個性をしっかり楽しみたいシングルモルトなら、まずは氷を入れないストレートで味わいたいのはそんな理由だ。ゆったりとオン・ザ・ロックスで楽しみたいときは、氷にこだわりたい。すぐに溶けて薄まってはつまらないので、できれば大ぶりのよく締まった氷で。ウイスキーを水で割るときには、やはり水道水は避けたいところ。天然の仕込み水に近い、軟水のミネラルウォーターなら言うことなし。グッとおいしく味わえる。

オススメのベーシック・スタイル

ストレート
Straight

無垢の味わいをじっくり愉しむならニート(生)で

ウイスキー本来の味わいをそのまま愉しみたいならまずはストレートで。ゆっくり口に含み、舌とのどでじっくり味わいたい。グラスの上に香りが広がるように、小振りのグラスに1/3〜1/2程度注ぐ。チューリップ型のグラスもオススメ。ウイスキーで熱くなった舌やのどをリフレッシュするために、冷たいミネラルウォーターのチェーサー(追い水)を用意して、交互に味わうといい。

トワイス・アップ

Twice Up

ブレンダーのごとく
開いてゆく香味を堪能する

ワイングラスのように口がすぼまったグラスにウイスキーを注ぎ、それと同量の常温の水（天然水）を注ぐのがトワイス・アップ。こうするとより香りが開いてくるので、プロのブレンダーもこうしてテイスティングする。ストレートでは強過ぎるときや、初めて飲むウイスキーの香りを堪能したいとき、最初にストレート、それからトワイス・アップで楽しんでみるのもオススメ。

オン・ザ・ロックス

On the Rocks

大きめの固い氷を入れて
ゆったりとくつろぎたい

ロックグラスに大ぶりなかち割り氷を入れて、その上からグラスの半分くらいまでウイスキーを入れたのが、オン・ザ・ロックス。ブレンディッドなどをゆっくりくつろいで味わうときにもオススメ。ポイントはやはり氷。おいしい水でつくられていること。すぐに溶けてしまっては味わいがダレてしまうので、固くて大きめの角の少ないものが好ましい。表面積が最小のバーのような球状の氷なら理想的。

ウイスキーソーダ

Whisky & Soda

弾ける香りとのどごしで
爽快感を楽しめるスタイル

タンブラー型のグラスに、大ぶりな氷をたっぷりと入れ、ウイスキーを1/3くらいまで注ぐ。ウイスキーの倍量くらいのよく冷えたソーダを加え、炭酸が逃げてしまわないように軽くかき混ぜればOK。金色の泡と一緒に、香り、のどごしとも爽快感を楽しめるスタイル。好みでレモンを添えたり、ペリエなどで割ってもいい。アイラモルトなどで試しても、ピーティさが弾けて意外に爽快！

ハーフロック

Half Rock

香りと味をマイルドに楽しむ
食中酒としてもいける飲み口

ロックグラスに大きめの氷をたっぷりと入れ、好みでウイスキーを適量注ぐ。次にウイスキーと同量のミネラルウォーターを注ぎ、軽くかき混ぜれば、ハーフロックの出来上がり。いわば、オン・ザ・ロックスのトワイス・アップといったところ。ウイスキーの香りと味をマイルドに、クールに味わえ、食中酒としてもいける飲み口。ソーダやジンジャーエール、トニックウォーターなどで割ってもOK。

ミスト・スタイル

Mist Style

ミントと砂糖を加えれば
一気にケンタッキー気分

ロックグラスの中に細かく砕いたクラッシュド・アイスを敷き詰め、ウイスキーを注げば、グラスはたちまち霧のような水滴に包まれる。これがミスト(霧)・スタイル。真夏に、ここにコクの深いバーボンを注ぎ込み、キンキンに冷やして飲ってもうまい。気分でソーダを加えても。最初にミントの葉をつぶし、砂糖を溶かしてからバーボンを注げば、そう、ケンタッキー気分のミント・ジュレップだ。

水割り

Mizuwari

端麗な味わいを楽しむ
一番シンプルなカクテル

湿度が高い日本で生まれた独自のスタイル。ウイスキーの一番シンプルなカクテルと考えてもいい。タンブラー型のグラスの縁までたっぷり大ぶりなかち割り氷を入れ、グラスの1/3程度までウイスキーを注ぐ。ここでよくかき混ぜて、グラスが冷えたら溶けた分の氷を足す。よく冷えたミネラルウォーターをウイスキーの倍量くらい加え、緩やかにかき混ぜる。端麗でまろやかな味わいが楽しめる。

5章

アメリカン・ウイスキー&カナディアン・ウイスキー

American Whiskey &
Canadian Whisky

American Whisky

アメリカン・ウイスキーを知る

アメリカン・ウイスキーとは？

**独特の香ばしさ、深いコクと甘さ
移民たちが始めたウイスキーづくり**

トウモロコシを主原料としたバーボン・ウイスキーが主役

アメリカン・ウイスキーといえば、真っ先に思い浮かぶのはもちろんバーボン・ウイスキーに違いない。バーボンは、トウモロコシを主体に、ライ麦（または小麦）、大麦麦芽を原料として、連続式蒸溜機で蒸溜され、必ず内側を焦がしたオークの新樽を使って熟成されるウイスキーである。スコッチとはまた違う、独特の香ばしさ、深いコクと甘さがあり、力強い味わいを持っている。

とはいえ、アメリカに当初からバーボンが存在したわけではなく、アメリカン・ウイスキーは、17世紀、アイルランドやスコットランドからアメリカへ渡った移民たちがウイスキーづくりを始めたのが発端。当初は主にライ麦が原料とされていて、その後の歴史の中でアメリカン・ウイスキーは独自に発展し、バーボンもまた生まれ育ってきたのである。

現在アメリカのウイスキーは、１９６４年制定の連邦アルコール法で明確に規定されていて、この中で主要なものは以下の4つ、バーボン・ウイスキー、ライ・ウイスキー、コーン・ウイスキー、ブレンディッド・ウイスキーだ。

バーボンに関していえば、原料となる穀物の51%以上がトウモロコシであり、アルコール分80%未満で蒸溜し、熟成には内側を焦がした新しいホワイトオーク樽を使わなければならない。また、これが2年以上熟成された場合に、ストレート という語がつき、ストレート・バーボン・ウイスキーとなる。同様の条件で、原料の51%以上がライ麦であれば、ライ・ウイスキーだ。原料の80%以上がトウモロコシとなると、コーン・ウイスキーとなるが、コーン・ウイスキーを熟成する場合は再使用の古樽か、内側を焦がしてない新樽を使い、樽熟成をしなくてもかまわない。ライ・ウイスキー、コーン・ウイスキーとも、2年以上の熟成で〝ストレート〟がつくの

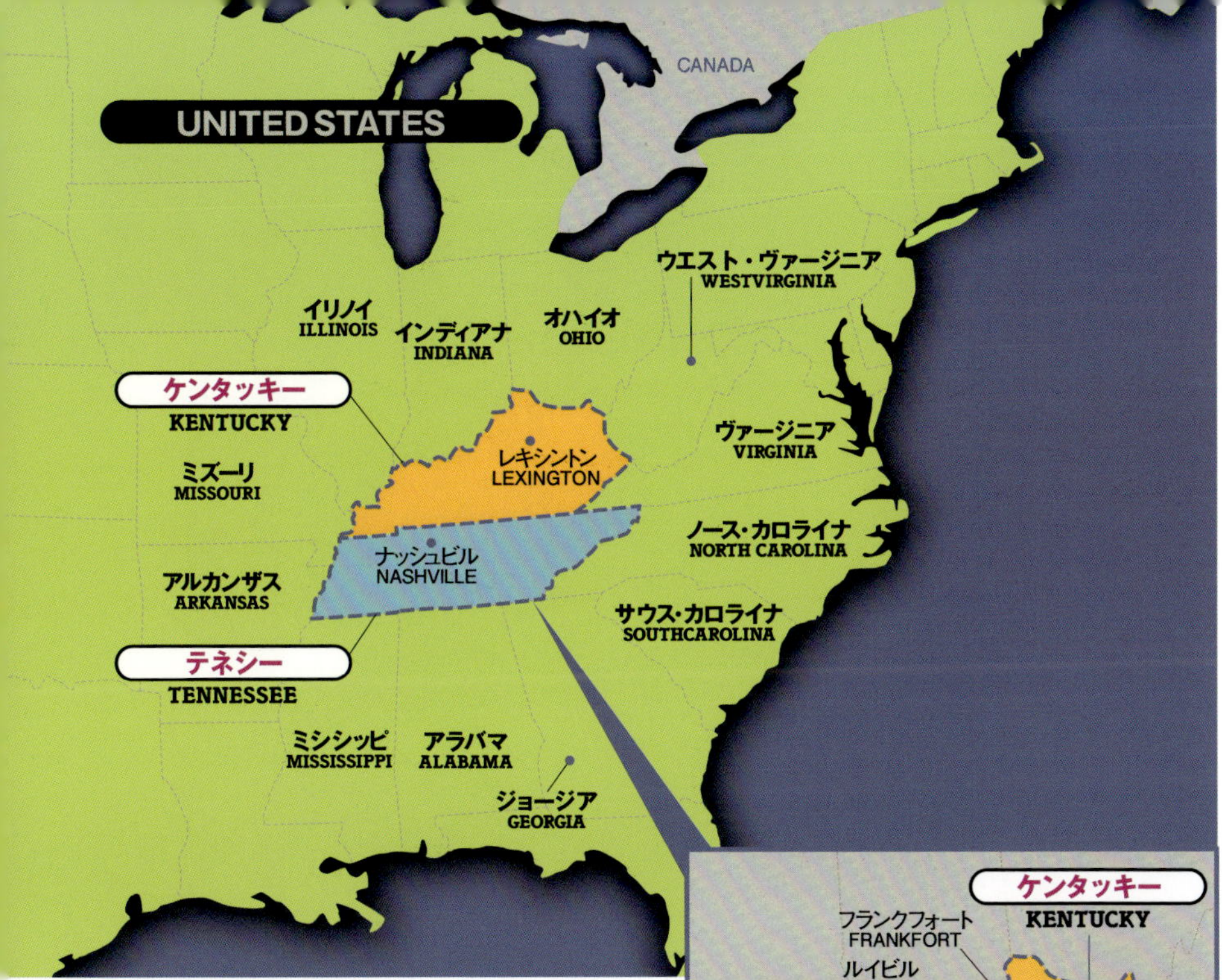

アメリカン・ウイスキーの主な種類

バーボン・ウイスキー

原料に51%以上トウモロコシを使い、アルコール度80度未満で蒸溜し、熟成には内側を焦がした新しいホワイトオークの樽を使用する。2年以上熟成したものは、ストレート・バーボン・ウイスキー。

ライ・ウイスキー

原料に51%以上ライ麦を使い、アルコール度80度未満で蒸溜し、熟成には内側を焦がした新しいホワイトオークの樽を使用する。2年以上熟成したものは、ストレート・ライ・ウイスキー。

コーン・ウイスキー

原料に80%以上トウモロコシを使い、アルコール度数80度未満で蒸溜。熟成する場合は、再使用のオークの古樽、または内側を焦がしていない新しいホワイトオーク樽を使用。熟成させなくてもよい。2年以上熟成したものは、ストレート・コーン・ウイスキー。

ブレンディッド・ウイスキー

バーボン、ライ、コーンなどのストレート・ウイスキーを、アルコール度数50度に換算して20%以上使い、残りをその他のウイスキーやスピリッツなどでブレンドしたもの。

は同様である。また、ブレンディッド・ウイスキーは、バーボン、ライ、コーンなどのストレート・ウイスキーをアルコール度数50度に換算して20%以上使い、残りをその他のウイスキーやスピリッツなどでブレンドしたものだ。以上いずれもが、度数40度以上で瓶詰めされる。

生産量でいうと全体の約半分をストレート・ウイスキーが占め、その大部分がバーボン・ウイスキーだ。また、バーボンの8割はケンタッキー州でつくられている。

バーボン・ウイスキー誕生史

**課税に反発して西に逃れた移民たちは
そこで約束の地、ケンタッキーに出会う**

当初はライ麦を主体につくられていったウイスキー

アメリカン・ウイスキーの歴史は、17世紀初頭に遡る。イギリスが最初の本格的植民地ジェームズタウンをヴァージニアに建設、そのとき、スコットランドから蒸溜器も持ち込まれたといわれている。18世紀になるとスコットランドやアイルランドからの移民が数多く新大陸に渡り、ウイスキーをつくり始める。原料として彼らが目をつけたのは、アメリカで簡単に自給できるライ麦やトウモロコシなどだった。開拓時代、開拓地には必ずサルーンと呼ばれる酒場ができた。町はそこを中心に形成されていき、庶民にとって酒はなくてはならないものとなった。建国初期のアメリカでは、特にペンシルバニアを中心に、移民したアイルランド人によって多くのウイスキーがつくられていたという。

１７７６年、アメリカは独立宣言を発し、83年に独立戦争が終結する。ところが、その戦費で莫大な借金を負った独立政府はたちまち財政難に陥り、そこで決められたのがウイスキーに対する課税である。１７９１年の「蒸溜酒類に対する物品税」だが、これに対してウイスキーをつくっていた農民たちが反発。94年に「ウイスキー大反乱」に発展する。対する政府は、なんと独立戦争時を上回る１万５０００人の軍隊を派遣して鎮圧。やがて暴動は収まるが、これが１つの大きな契機となる。それでも課税を嫌った農民たちは、当時はまだ国外だったさらに西へ、つまりはケンタッキーへと移住していくのである。そこで彼らが出会ったものこそ、豊かに取れるトウモロコシと、バーボンの仕込みに欠かせない〝ライムストーン・ウォーター〟だったのである。

伝説の中にいる２人のバーボンの元祖

こうしてケンタッキーがバーボンの一大生産地へと発展していく

わけだが、バーボンの起源については必ずしも定かでない。有力とされる説は次の2つだ。最初のバーボン製造者として伝えられる1人は、エライジャ・クレイグ牧師である。パプティスト派の牧師だった彼は、本業のかたわら副業としてウイスキーづくりにも励んでいた。あるとき鶏小屋に置いていた熟成用の樽を火事で焦がしてしまったが、その樽をあとで開けてみたらこれまでにない赤く芳醇な液体が現れた、これがバーボンに欠かせない「チャー（樽焼き）」の始まりという説だ。また、彼はトウモロコシに大麦とライ麦を混ぜて火にかけ、糖分を抽出して水を混ぜ、リンゴとプラムを入れて熟成。それを蒸溜したという。彼のつくった酒はその色合いから「レッド・リカー」「リキッド・ルビー」といわれたという。くしくもアメリカ合衆国誕生の年、1789年のことといわれている。

もう1人、バーボンの祖として名が上がるのがエヴァン・ウイリアムズ。彼はクレイグ牧師より6年早い1783年、ケンタッキー州ルイヴィルでライムストーン・ウォーターを発見し、それを仕込み水に、最初にトウモロコシからウイスキーをつくったとされている。ライムストーンとは石灰岩のことで、ケンタッキーではいたるところでこの岩の層が露出し、この岩層でろ過された清水が湧き出ている。この水はウイスキーの味わいをそこなう鉄分が除かれ、ミネラルが豊富で、バーボンづくりに最適だったのである。まさしくそこは、バーボンにとって約束の地だったのである。

アメリカン・ウイスキーの主なエポック

1607	イギリスが最初の本格的植民地ジェームズ・タウンを建設。同時にスコットランドから蒸溜器が持ち込まれる。以降、アイルランド、スコットランドからの移民たちにより、ウイスキーづくりが広まっていく。
1783	エヴァン・ウイリアムズ、ケンタッキー州ルイヴィルで、ライムストーン・ウォーターを仕込み水に、トウモロコシで蒸溜酒をつくる。
1789	アメリカ合衆国正式発足。エライジャ・クレイグ牧師が、最初のバーボンを製造したといわれる。
1791	独立政府、財政難からウイスキーの課税。農民たちの反発を招き、94年には「ウイスキー大反乱」に発展。この鎮圧を機に、多くの農民たちは西へと逃れ、バーボン約束の地、ケンタッキーと出会うことに。
1861	南北戦争勃発（～1865） 以後北部の工業資本が南部のバーボン産業に進出し、連続式蒸溜機も登場。生産は大いに伸びていく。
1920	禁酒法発令（～1933）。

世界に大きな影響を与えた禁酒法

アメリカのウイスキー史を語る上でやはり欠かせないのが、1920年に発令された禁酒法だ。当然、これを機に閉鎖に追い込まれた蒸溜所も多いが、いくつかは薬用酒としての製造を許可され生き延びた。一方でこの悪法がもたらしたものといえばマフィアによる密造売買ビジネス。粗悪品も横行した。この時代カナダから密輸されたウイスキーは良質で人気となり、その後も大きく伸びた。一方で多くの粗悪品を輸出したアイリッシュやキャンベルタウンは、禁酒法失効後も信用を失ってしまった。悪法は1933年ようやく撤廃される。

バーボン・ウイスキーの製法

ケンタッキーの持つ豊かさと気候風土、それが独自の製法と味わいを生み出してきた

力強く、リッチなフレーバーには、ちゃんと理由がある

バーボンの基本的な製造工程は、①糖化、②発酵、③蒸溜、④熟成と進められていくが、それ自体は基本的にスコッチとも変わらない。ただし、その中身を見ていけば、やはりいくつもバーボンに特徴的な製法が存在している。

原料となる穀物は、基本的にトウモロコシとライ麦、大麦麦芽の3種類だ。この3つの比率がマッシュビルと呼ばれ、大切だといわれている。一般的には、トウモロコシが60～70％、トウモロコシが多ければ甘くまろやかに、ライ麦が多ければよりスパイシーでドライになるという。ライ麦のかわりに小麦が使われる場合もあり、小麦はよりマイルドなテイストを生む。

糖化、発酵の過程で特徴的なことの一つは、バーボン特有の「サワーマッシュ方式」。前回蒸溜の際に生じた蒸溜残液の上澄みを、糖化槽と発酵槽に25％ほど戻してやる方法で、これにより糖化および発酵条件がよくなり、複雑な風味と香味が増すといわれている。

蒸溜に関しては知ってのとおり連続式蒸溜機が使用され、法律でアルコール度80度未満の蒸溜が義務付けられているわけだが、

バーボン・ウイスキーに特有の製法

●内側を焦がしたオーク新樽による熟成

バーボン特有の力強さとフレーバーがもたらされる大きな理由の一つ。「チャー（樽焼き）」にはグレードがあり、どの程度焦がすかも大事なポイントとされる。

●サワーマッシュ製法

前回の蒸溜で生じた蒸溜残液の上澄み（アルコール分が抜けた残液から固形分を分離したもの）を、糖化槽、発酵槽に25％ほど戻す製法。PH値が調整されることで、糖化条件がよくなって独自の香味が増す。また雑菌の繁殖を抑え、酒質の連続性も図れるという。

●オープンリック方式

熟成庫の方式で、自立した木組みの棚からなり、自然の通風をよくするため、大きく窓が開け放たれる。7階建てくらいの巨大な建物が多い。樽の置かれる位置によって温度差があり、熟成度も変わるため、ローテーションすることが多い。

実際の度数はほぼ60～70％が多く、スコッチのグレーン・ウイスキーの94％くらいに比べると明らかに低い。そのぶん香味成分が多く残るわけで、それゆえバーボンはちゃんとリッチで力強いフレーバーを持つことになる。

熟成では、いうまでもなく内側を焦がしたオークの新樽が使われるが、これもバーボンに特有の力強さ、フレーバーを与えている。樽材はアメリカン・ホワイトオークだが、かつてケンタッキーはオークの森林にも囲まれ、その点でも恵まれていた。また、熟成庫はオープンリック方式と呼ばれ、木組みの棚で、窓を大きく開け放って自然の通風をよくした構造が多い。ケンタッキーは夏は30度を超え、冬はマイナス20度近くになるという寒暖差の大きい気候であり、バーボンはその中でダイナミックに熟成される。一般的に、バーボンはスコッチなどに比べるとずっと熟成が早いのも特徴であって、それはこうした樽や熟成の方法にもよるのである。

スモールバッジ・バーボンとは?

熟成のピークにある5～10樽程度（通常は数十樽）の厳選した原酒をブレンドした、少量生産のバーボンのこと。また「シングル・バレル」は、熟成のピークにあるひと樽からのみ瓶詰めしたものだ。いずれも近年人気が高い。

ベイカーズ
Baker's
→P188

ジム・ビーム家4代目のジェームズ・ベイカー・ビームのレシピから完成。人気のスモール・バッジの一つ。

「テネシー・ウイスキー」とは？

法律上はバーボンに分類されるが、言葉のとおりテネシー州でつくられたものだ。と同時に、大きな特徴は「チャコール・メローイング」が施されること。蒸溜したての原酒を、テネシー州産のサトウカエデを燃やしてつくった炭でろ過する工程で、細かく破砕された炭が入った3m以上の深さのろ過槽を、１滴１滴10日間かけて通される。それ以外の工程はバーボンと同じだが、これによってよりスムースでなめらかな酒質が生まれる。

最初に飲みたい!
オススメボトル

**あくまで一つの参考だが、
これからウイスキーを楽しみたいという人への
オススメの５本。
少しずつタイプの違うバーボンとカナディアン。
まだまだオススメしたいものは数あれど、
まずはこちらを。**

メーカーズマーク
MAKER'S MARK
→P197

**こだわりの手づくり少量生産が生む
まろやかにして味わい深い1本！**

赤い封蝋は一本一本が手作業で、こだわりの少量生産のシンボル。ライ麦のかわりに小麦が使われた風味は、まろやかにして芳醇。やわらかさの中にあるリッチさを味わいたい。

フォアローゼズ
FOUR ROSES
→P194

**4本のバラの
マークがエレガント
スイートに香りたつ
なめらかな1本！**

香りの異なる10種類の原酒をつくり分け、その絶妙のブレンドでつくられるという味わいはなめらかでエレガント。バーボンの持つスイートさを心地よく味わえ、香りたつ1本。

エズラ ブルックス ブラック
EZRA BROOKS Black
→P193

なめらかな口当りと
豊かな香り
バランスよく旨い
バーボンらしい1本!

トウモロコシの使用比率が高く、ていねいに蒸溜されるという味わいは、なめらかで香り豊か。いかにもバーボンらしい秀逸なバランスは、まさに"すするように飲みたい"1本。

ワイルドターキー 8年
WILD TURKEY 8
→P201

昔ながらの製法も
味わいも変えない
深いコクと男らしい
芳醇さの1本!

キング・オブ・バーボンの趣を感じさせ、多くのファンを持つスケールの大きな1本。伝統的な味わいを変えることなく、ズドンと深く男らしいコクと、芳醇なフレーバーが魅力。

カナディアンクラブ
CANADIAN CLUB
→P209

香り高く、ライトで
ピュアな味わい
まさにカナディアン
を代表する1本!

ライトでなめらかでピュア。その中に爽快で華やかな味わいを感じさせる、まさしくカナディアンの代表選手。スムースな飲み口はクセもなく、カクテルベースなどにも最適。

アメリカン
ウイスキー
カタログ

American Whisky Catalog

BLANTON'S

ブラントン

厳選された樽のみをボトリング こだわりのシングル・バレル

エンシェントエイジ社（現バッファロートレース社）が、ケンタッキー州都フランクフォートの市制200年を記念して、1984年に発売したシングル・バレル・バーボン。酒名は、長年同社に勤め「ディーン・オブ・ケンタッキー」（ケンタッキーの長老）と呼ばれるほどバーボンづくりの名人だった、アルバート・ブラントンの名に由来する。4年間熟成された原酒をブレンダーがひと樽ごとに味わい、厳しく吟味、そこで選ばれた樽のみがさらに4～6年熟成を重ね、ブラントン用の原酒となる。再熟成は特別な熟成庫＝H倉庫で行われ、最高の熟成を経た一つの樽からのみ瓶詰めされる。ラベルには蔵出しの日付、樽ナンバー、ボトルナンバーが手書きで記されている。バーボンらしい男性的な味わいで、深く骨太なコクを持ち、まろやかなフレーバー、キャラメルのような甘みが口に広がる。

TASTING NOTE

ブラントン	
750mℓ・46.5度・10,500円	
色	濃い紅茶
アロマ	ドライフルーツ。ドライいちじく、ラムレーズン。
フレーバー	ラムレーズンの甘さに、ビター、少し渋味。
全体の印象	芳醇さ、ボディ感、バランスのよさ。深みがはっきり感じられる。

DATA

製造元	バッファロートレース蒸溜所
創業年	1984年
所在地	Frankfort,Kentucky
問合せ先	宝酒造（株）

LINE UP

ブラントン・ブラック……………750mℓ・40度・5,000円
ブラントン・ゴールド…………750mℓ・51.5度・16,000円

BAKER'S

ベイカーズ

ビーム家の傑作"スモールバッチ" 芳しい樽香を持つ力強い味わい

1995年には200周年を迎えたアメリカンウイスキーの名門「ジム ビーム」。そのビーム家6代目のマスター・ディスティラーであったブッカー・ノウが、伝承の技術の粋を結集し、つくりと味わいへのこだわり、信念を貫いて誕生させたのが、同社の"クラフトバーボンシリーズ"、「ノブクリーク」「ブッカーズ」「ベイカーズ」「ベイゼルヘイデン」だ。厳選した最上級の材料、仕込みから蒸溜までのつくり込み、細心で徹底した樽熟成管理。力強い味わいを持つ古き良き時代のバーボンの復刻であり、長期熟成による深遠でリッチな香味を持つ、スモールバッチ（少量限定生産）のプレミアム品だ。「ベイカーズ」は4代目マスターディスティラー、ジェームズ・ベイカー・ビームが考案したレシピをもとにつくられ、7年超の熟成期間を経た逸品。現7代目フレッド・ノウの言葉を借りれば、シリーズ中「最もパンチがあり、樽香が芳しいフルボディタイプ」。バランスよく、シガーとの相性もとてもいい。

DATA

製造元	ビーム サントリー社
創業年	1795年
所在地	Clermont,Kentucky
問合せ先	サントリーホールディングス(株)

LINE UP

ジムビームのスモールバッジバーボンシリーズ
ベイゼル ヘイデン …………750mℓ・40度・5,000円
ノブ クリーク ………………750mℓ・50度・4,000円

TASTING NOTE

ベイカーズ

750mℓ・53度・5,600円

色	濃い琥珀色。
アロマ	バニラ。キャラメル。パンケーキや花、柑橘、フレーバーティ。
フレーバー	スムースな口当たりのあとに力強いパンチ。ナッツ。芳しい甘さ。心地いい苦味。
全体の印象	力強いが洗練された味わいはバランスよく、爽やか、スムースな余韻も心地いい。

BAFFALO TRACE

バッファロー トレース

フロンティア・スピリットを体現 バランスが際立つ深く贅沢な1本

1857年にベンジャミン・ブラントンによって設立された蒸溜所は、その後何度か名前を変え、1999年に「エンシェントエイジ蒸溜所」から現在の「バッファロートレース蒸溜所」となった。かつてこの地は野生のバッファローの通り道であり、その跡を辿った、多くの開拓者や冒険家の屈強な精神を称える名前だ。ここは少量生産のスペシャルバーボンを産出することでも知られ、その名前を冠したフラッグシップ・バーボンウイスキーとして同年発売された。コーン80%、ライ麦10%、大麦麦芽10%のレシピからつくられ、8年以上熟成させた35〜45樽を一つひとつていねいにテイスティングし、厳選した原酒をヴァッティング。力強くスモーキーなワイルドさ、心地よい甘さが後を引く贅沢な味わいだ。2009年、2012年には米国最大のコンペティションSWSCで最高金賞も受賞している。

TASTING NOTE

バッファロートレース	
750mℓ・45度・3,000円	
色	赤みがかった琥珀色。
アロマ	オレンジ、バニラクリーム、蜂蜜、焼き菓子。
フレーバー	なめらかな舌触り、軽い渋みに柑橘のフレーバーが広がる。ミント。心地いいスパイシーさも。
全体の印象	ドライで軽やかな甘さと、バランスのよさ。エレガントな余韻が続く。

DATA

製造元	バッファロー トレース蒸溜所
創業年	1857年
所在地	Frankfort,Kentucky
問合せ先	レミー コアントロー ジャパン(株)

EARLY TIMES

アーリータイムズ

軽やかで甘みのある飲み口は女性にも人気の高いロングセラー

南北戦争開戦前年の1860年、アーリータイムズは、ケンタッキー州バーボン群アーリー・タイムズ村で誕生した。人々の支持を得て人気ブランドへと成長していったが、禁酒法施行後の1923年、すでに「オールド・フォレスター」で名が知れていたブラウン・フォーマン社が買収。以降、ルイヴィルにある同社の蒸溜所で製造されている。マッシュビル（原料のトウモロコシ、大麦、ライ麦の比率）は伝統的で、ライムストーンを通った水で仕込まれる。酵母は蒸溜所が独自に育てたもので、熟成は温度や湿度の調節可能な近代的な貯蔵庫で効率的に行われる。自社の製樽工場を持ち、自前で最良の樽を用意できるというのも強みだ。軽い口当りと、甘い香り、さわやかな後口は飲みやすく、女性にも人気が高い。「ブラウンラベル」は日本向けに開発されたもので、より深みのある味わい。

DATA

製造元	アーリー・タイムズ・ディスティラリー社
創業年	1860年
所在地	Louisville,Kentucy
問合せ先	アサヒビール（株）

LINE UP

アーリータイムズ イエローラベル
……………………………700mℓ・40度・1,600円

アーリータイムズ ブラインドアーチャー
……………………………700mℓ・33度・1,500円

TASTING NOTE

アーリータイムズ ブラウンラベル	
700mℓ・40度・1,600円	
色	濃い紅茶。
アロマ	フローラル。スミレのような。線香。
フレーバー	ライト。だがバーボンらしい。上品にテイスティングするよりクイクイ飲みたい。
全体の印象	飲み口はきわめてスムース。キレもいい。

ELIJAH CRAIG

エライジャ・クレイグ

25年の歳月をかけて開発された「バーボンの父」に恥じぬ逸品

ケンタッキー開拓時代のプロテスタント、パブティスト派の牧師エライジャ・クレイグは、1789年にトウモロコシ、ライ麦、大麦を原料に最初のバーボンを生み出したことから「バーボンの父」と呼ばれる人物。全米でも最大手の蒸溜会社ヘブン・ヒル社が、その名に恥じないバーボンをつくろうと、企画から25年もの歳月をかけて製品化したのがこのブランドだ。1986年に限定生産の高級品として発売された「12年」は、「リキッドルビー」と言われたエライジャ牧師のバーボンを思わせる赤味がかった色合い。ミディアム・ヘビーで、口に含むと甘く濃厚なブーケが広がる。「スモールバッチ」は、その名の通り厳選した原酒からブレンドされた少量生産のプレミアム・バーボン。8年から12年熟成の中から選り抜かれ、芳醇な香りと深みのあるコクを味わえる。

TASTING NOTE

エライジャ・クレイグ スモールバッチ

750mℓ・47度・2,948円

(12年)

色	濃い紅茶。
アロマ	甘栗みたいなホクホクした感じ。焼き立てのクッキー。香ばしい。
フレーバー	リッチ。麦、ライ麦の味が感じられ、酸味が少し強い。
全体の印象	フィニッシュは長く、香りは魅力的。

DATA

製造元	ヘヴン・ヒル・ディスティラリーズ社
創業年	1986年
所在地	Bardstown,Kentucky
問合せ先	バカルディ ジャパン(株)

EVAN WILLIAMS

エヴァン・ウイリアムス

熟成期間にもこだわった
芳ばしい香りの男っぽいバーボン

エヴァン・ウイリアムスは、開拓初期のケンタッキー州ルイヴィルでライムストーンから湧き出る水を発見し、最初にトウモロコシを原料として蒸溜酒をつくったとされる。エライジャ・クレイグ牧師とともに、バーボンの元祖といわれる人物だ。ブランド名はもちろん彼に由来し、ラベルに「SINCE 1783」とあるのは彼が蒸溜を始めたといわれる年だ。つくっているのはアメリカでも最大手の蒸溜会社ヘブン・ヒル社で、世界第2位の販売量を誇るバーボンとして同社の主力商品である。香ばしい香りとパワーのあるコクを持ち、ライト志向が主流となる中で男っぽいバーボン。スタンダードの「ブラックラベル」は3～4年という熟成期間が多い同クラスの中では5～8年の原酒をブレンドした年長期熟成で、なめらかな口当りも特徴的。ヴィンテージ表記され、樽詰め日も記載された「シングルバレル」はこだわりのつまった逸品といえる。

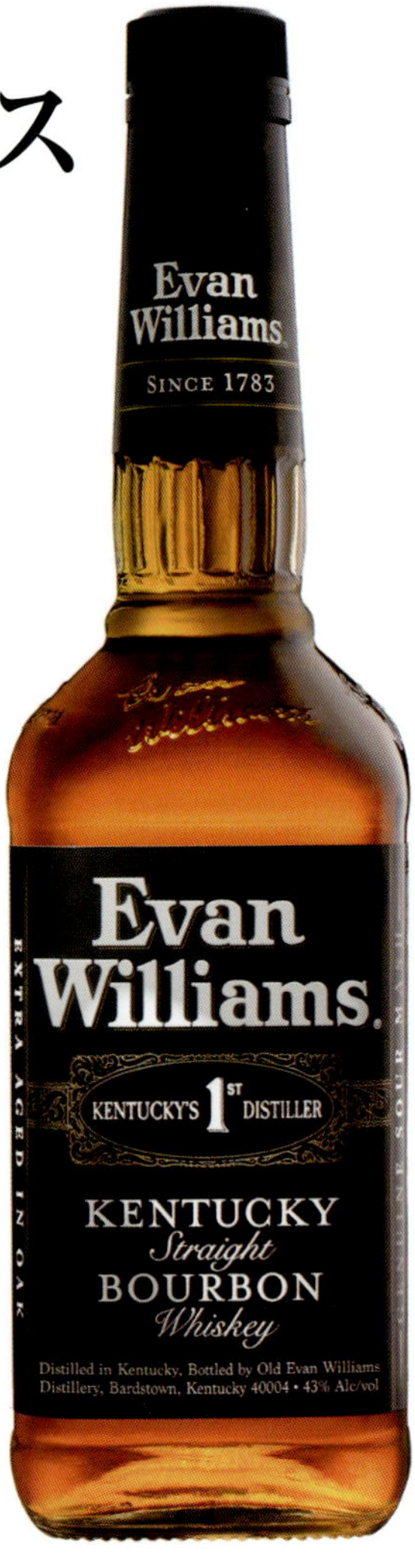

DATA

製造元	ヘヴン・ヒル・ディスティラリーズ社
創業年	1935年
所在地	Bardsttown,Kentucky
	http://www.evanwilliams.com/
問合せ先	バカルディ ジャパン(株)

LINE UP

エヴァン・ウイリアムス12年
……………750mℓ・50.5度・オープン価格

エヴァン・ウイリアムス シングルバレル(限定品)
……………750mℓ・43.3度・オープン価格

TASTING NOTE

エヴァン・ウイリアムスブラックラベル

750mℓ・43度・1,840円

色	濃い紅茶。
アロマ	プラム、生焼けホットケーキ、やや蜂蜜。時間が経つと甘い香りが出てくる。
フレーバー	辛い。桃のような後味。ジンジャー。濃くてがっしり。飲み込んだあとに、苦味。
全体の印象	男性的で攻撃的。インパクトのあるまさにバーボン。

EZRA BROOKS

エズラ ブルックス

″最も優れた小さな蒸溜所″から生まれたシッピング・ウイスキー

「エズラ ブルックス」は、〝ケンタッキー州で最も優れた小蒸溜所″として1966年に政府から表彰を受けたホフマン蒸溜所で誕生。1960年代に当時から人気の高かった「ジャック・ダニエル」に対抗すべく発売され、その後、バーボンの名門メドレー社に渡ってメインブランドとなった。現在のブランド権はミズーリ州のデイヴィッド・シャーマン社（現ラクスコ社）にある。原料のトウモロコシの比率が高めで、蒸溜も低い温度で行われてアルコール度数が抑えられているため、味わいはなめらかで芳醇なのが特徴。ラベルには「そのフレーバーとボディを味わうために、ゆっくりするように飲んでください」とある。4年以上熟成させたものがスタンダード。熟成期間7年以上のものが「オールド エズラ」だ。「12年」は申し分ない円熟さを感じさせ、長期熟成による芳醇な香りとコクを持つ佳酒だ。

TASTING NOTE

エズラ ブルックス ブラック

750mℓ・45度・2,470円

色	濃く、赤みが強く、革細工のよう。
アロマ	花のような甘い香り。やわらかい甘さ。カスタードクリーム、プリン。香りのバリエーションが豊富。
フレーバー	バニラ。やわらかくスムースな口当り。しっかりしたアルコール。少し酸味。美味。
全体の印象	香りと味のバランスがよく、きっちりしたバーボンらしさが漂う。

DATA

製造元	エズラ・ブルックス・ディスティリング社
創業年	1950年代（ホフマン蒸溜所）
所在地	St.Louis,Missouri
問合せ先	富士貿易（株）

LINE UP

オールド エズラ7年……750mℓ・50.5度・2,800円
オールド エズラ12年……750mℓ・50.5度・5,040円
エズラ ブルックス ホワイト
………………………700mℓ・40度・2,000円

フォアローゼズ

香り立つ“薔薇のバーボン”は いくつもの原酒から生み出される

「フォアローゼズ」の誕生は1888年。ジョージア州アトランタで創業したポール・ジョーンズが1886年にケンタッキー州ルイヴィルに移り、この年商標登録した。「4本のバラ」というネーミングは、ジョーンズがある南部美人に一目惚れしてプロポーズ。女性は「お受けするなら次の舞踏会にバラのコサージュをつけます」と答え、果たしてその夜彼女が胸に4つの深紅のバラをつけて現れたというところから。同社はその後シーグラム社に買収され1940年代後半に現在の地、ローレンスバーグに拠点を移す。以降シーグラム社のノウハウが注がれ、こだわりのつくりがされていく。大きな特徴の一つは、原料や酵母にこだわり、香りの異なる10種類の原酒をつくり分け、その絶妙のブレンドによってつくられていること。花や果実のようなほのかな香りと、なめらかな味わいはそこから生まれる。

DATA

製造元	フォアローゼズ・ディスティラリーLLC社
創業年	1865年
所在地	Lawrenceburg,Kentucky
	http://www.fourroses.us
問合せ先	キリンビール(株)

LINE UP

フォアローゼズ・ブラック	700mℓ・40度・3,460円
フォアローゼズ・プラチナ	750mℓ・43度・7,300円
フォアローゼズ・シングルバレル	750mℓ・50度・5,490円

TASTING NOTE

フォアローゼズ

700mℓ・40度・1,840円

（ブラック）

色	少しオレンジが強いウーロン茶。
アロマ	カリンの蜂蜜漬け、木の香り、少し青いバナナの皮、草原。
フレーバー	やさしい口当り。まろやか。外国のチョコレート、ココアパウダー。
全体の印象	パンチはそれほどないが飲んでいて疲れない。ゆったり飲めそう。

I.W.HARPER

I.W.ハーパー

なめらか&スムースな味わいで 日本でも人気の都会派バーボン

「I.W.ハーパー」の生みの親は、ドイツからの移民、アイザック・ウルフ・バーンハイムで「I.W.」は彼の頭文字、「ハーパー」は彼の無二の親友の名前。当初は良質なバーボンの独自のブレンドとして売り出され、1879年に商標登録されている。1885年から1915年の間には世界中の博覧会に出品され、5つの金メダルを得るなど、高い評価を受け、1897年には独自のバーンハイム蒸溜所をスタートさせた。酒質はライトとミディアムの中間的なボディだ。原料中のトウモロコシの使用比率が86%と高いため、なめらかで伸びがあり、やや甘みの残るおだやかな後味が特徴的だ。温度変化の少ないレンガ造りの倉庫で熟成されるのも特徴で、ここでじっくりと寝かされ、1961年に世に出た「12年」はプレミアム・バーボンの先駆けとなった。都会的なイメージで日本でも人気が高い。

TASTING NOTE

I.W.ハーパー ゴールドメダル

700mℓ、40度、1,920円

色	やや黄緑がかった琥珀色。
アロマ	バニラ、蜂蜜、柑橘系フルーツ、微かにミント。やさしく、アルコール感はあまり感じられない。チョコレート。
フレーバー	蜂蜜系の甘さが広がる。
全体の印象	伸びのある味わいなので、ロックや水割りにしても手応えがある。

DATA

製造元	I.W.ハーパー・ディスティリング社
創業年	1877年
所在地	Louisville,Kentucky
問合せ先	キリンビール(株)

LINE UP

I.W.ハーパー12年 ……………750mℓ・43度・5,090円

JIM BEAM

ジム ビーム

200年の歴史を持つ名門の 秘伝を受け継ぐベストセラー

1795年創業のジム ビーム社は、200年以上の歴史を持ち、バーボンの売り上げ世界一を誇る。創業者のジェイコブ・ビームはドイツ系の移民で、ケンタッキー州バーズタウンでウイスキーづくりを始めた。この地は、清澄な地下水、良質なトウモロコシやライ麦が育つ畑、ホワイトオークの林が揃い、バーボンづくりに理想的な環境だったのだ。以後、ビーム家の子孫が代々蒸溜の仕事に従事している。酵母は4代目のジム・ビーム以来受け継がれる自社培養のものだけを用い、ライ麦の使用比率が高いこと、サワーマッシュ法による発酵など、ビーム家秘伝の製法で独自の風味をつくり出している。主力ブランドの白ラベルは4年熟成でソフトバーボンを代表する一本。花のような香りでワインにも似た味わいがあり、軽やかで飲みやすい。「ブラック」はマイルドな口当りで、スムースな飲み口。

DATA

製造元	ビーム サントリー社
創業年	1795年
所在地	Clermont,Kentucky
	http://www.jimbeam.com/
問合せ先	サントリーホールディングス(株)

LINE UP

ジム ビーム ブラック	700mℓ・40度・2,400円
ジム ビーム ハニー	700mℓ・35度・2,190円
ジム ビーム ダブルオーク	700mℓ・43度・2,800円
ジム ビーム デビルズカット	700mℓ・45度・2,000円

TASTING NOTE

ジム ビーム	
700mℓ・40度・1,540円	
色	濃い紅茶。
アロマ	バニラ、レモン、木の香り、シナモントースト。やさしい香り。
フレーバー	軽く飲みやすい。ミルクキャラメルのような、甘くて懐かしい味わい。
全体の印象	余計な引っかかりがなくスイスイ飲める。あっという間にグラスが空に。

MAKER'S MARK

メーカーズマーク

品質を重視した少量生産を貫く まろやかで味わい深いバーボン

メーカーズマークは、バーボン・メーカーの中で最も小規模な蒸溜所。経営者のサミュエルズ家は19世紀初めからウイスキーの蒸溜を手がけてきたが、1953年に4代目のビル・サミュエルズ・シニアによって創業された。バーズタウンの南、ロレットに、廃屋同然の古い蒸溜所を修復した同所は国定史跡にもなっている。「ウイスキーは最高の原料を使って人の手で少量生産する」というのが同家の価値観で、そこから生まれたのが「メーカーズマーク」だ。原料にはライ麦の変わりに冬小麦が使用され、これがまろやかな口当りと芳醇な風味を生んでいる。穀物の粉砕に使う製粉機や蒸溜の度数設定など数々のこだわりは今も変わらず、印象的な赤い封蝋も1本1本が手作業である。スタンダードの〝レッドトップ〟は樽の木香の苦さがほとんどなく、さわやかでスイートな味わいだ。

TASTING NOTE

メーカーズマーク	
700mℓ・45度・2,800円	
色	紅茶色。
アロマ	フレッシュでスッキリ感のある香り。次第にバニラ香。やや柑橘系。
フレーバー	舌に残るのはバニラ。味わいは輪郭がはっきりしている印象。
全体の印象	やわらかめの舌ざわりだけど味わいはリッチ。ジャズが似合いそうな深みとテンポ感。

DATA

製造元	ビーム サントリー社
創業年	1953年
所在地	Loretto,Kentucky
問合せ先	http://www.makersmark.com/
問合せ先	サントリーホールディングス(株)

LINE UP

メーカーズマーク 46 …………750mℓ・47度・5,800円

NOAH'S MILL

ノアズ ミル

家族経営の小さなボトラーの
まさに“ハンドメイド”なバーボン

「ノアズ ミル」は、ケンタッキー州バーズタウンで最も小さな蒸溜所、ケンタッキー・バーボン・ディスティラーズ社がつくるスモールバッジ・バーボン。同社は、どこの大手グループにも属さず、家族経営で高品質なバーボンを生産している。そのコンセプトは少量生産で、隅々まで目の行き届いた最高のハンドメイド・バーボン。原酒はヘブン・ヒル社より購入して、独自に熟成させ、ピークに達した数樽だけをボトリングしている。その品質はロンドンの「ワイン・インターナショナル」誌でも高い評価を獲得。15年という時間をかけてじっくり熟成されたバーボンは、風味豊か、口当りはソフトで、バランスも絶妙。57.15度という度数はボディ感を感じさせるが、喉元に気持ちよく流れ込み、甘く品のいい香りが広がる。つくり手のこだわりをじっくり感じながら飲みたい逸品だ。

DATA

製造元	ケンタッキー・バーボン・ディスティラーズ社
創業年	禁酒法以前(1936年再開)
所在地	Bardstown,Kentucky
問合せ先	ボニリ ジャパン(株)

TASTING NOTE

ノアズ ミル	
	750mℓ・57.15度・7,980円
色	ウーロン茶。
アロマ	バニラ。焼き立てクッキー、生クリーム。少し油性ペン、嫌味にならないくらいに木の香り。
フレーバー	熟成感を感じる。キャラメルのよう。クリーミー。
全体の印象	荒くなくて、なめらか。好ましい。その意味でバーボンらしくない。

OLD CROW

オールド クロウ

サワーマッシュ製法の生みの親 ジェイムズ・クロウ博士のレシピ

「オールド クロウ」の名前は、よく見るとラベルにもあるようにこのバーボンの生みの親ジェイムズ・クロウ博士に由来している。1835年に創立された「オールド クロウ蒸溜所」で開発され、現在はジム ビームなどのブランドを持つ「ビーム サントリー社」にて伝統的製法にのっとって製造されている。博士はもともとスコットランドからの移民の化学者であり、その知識をバーボン製造に持ち込み、現代につながる技術向上に大きく貢献した。今では一般化したサワーマッシュ製法の開発や、発酵工程でリトマス試験紙を使って酸度を測る方法などはいずれも博士によって確立されたものだ。伝統のレシピはコーン75〜80%、ライ麦8〜10%、大麦麦芽12〜15%と言われ、さわやかな香りと深みがあり、飲み飽きしない味わい。気軽に楽しめるバーボンとして変わらぬ人気を集めている。

TASTING NOTE

オールド クロウ	
700mℓ・40度・1,400円	
色	やや淡いゴールド。
アロマ	メロン。ラムネ。淡いバニラと砂糖菓子。
フレーバー	ライトで軽やか。少し酸味の効いたさわやかな味わい。ほのかなスパイス。
全体の印象	さわやかな飲み口で軽やかにバーボンらしさを味わえる。ハイボールにも。

DATA

製造元	ビーム サントリー社
創業年	1835年
所在地	Clermont,Kentucky
問合せ先	サントリーホールディングス（株）

OLD GRAND-DAD

オールド グランダッド

伝統の製法はまったく変わらない〝偉大なるじいちゃん〟のバーボン

「オールド グランダッド」の歴史は1796年に設立された蒸溜所までさかのぼる。創業者はベイジル・ヘイデンで、ラベルに描かれた肖像の人物。1882年、3代目レイモンド・B・ヘイデンが敬愛する祖父にちなみ、自社のプレミアムバーボンに〝オールド・グランダッド（偉大なるおじいちゃん）〟と名付けた。蒸溜所はその後何度か所有者が変わり、現在はビーム サントリー社のプラントで製造されているが、伝統の製法は創業以来まったく変わっていない。トウモロコシが少なく、ライ麦の多い原料比率で、昔ながらのヘヴィ・ボディのドライ・テイスト。独特の香味とキレのいい舌ざわりにファンが多い。「114」（プルーフ）は樽から直接瓶詰めされた57度で、芳醇で芯が強く、磨き抜かれたバランスのいい味わい。「80」は40度でスムーズな飲み口だがスパイシーで深い香りとコクを持っている。

DATA

製造元	ジ・オールド・グランダッド・ディスティラリー社
創業年	1796年
所在地	Frankfort,Kentucky
問合せ先	サントリーホールディングス（株）

TASTING NOTE

オールド グランダッド80	
700㎖・40度・2,400円	
（114）	
色	濃く、オレンジ強め。
アロマ	鼻の奥に刺激。ココアパウダー、カスタードクリーム、胡椒。少し酸味。
フレーバー	香りほどアルコールは強くなく、けっこう甘い。樽香。ビターチョコの後味。
全体の印象	アルコール感、甘さ、苦さ、香りがバーボンらしい。男性的な力強さ、濃厚な甘さ。

WILD TURKEY

ワイルドターキー

"野生の七面鳥"のイメージ通り スケールの大きい芳醇な味わい

「ワイルドターキー」は、オースティン・ニコルズ社が禁酒法解禁後に興したブランド。同社のトーマス・マッカーシーは、毎年行っていた七面鳥狩りに持参したバーボンが友人達に好評で、翌年も同じ酒をせがまれたことから"野生の七面鳥"と名付け、本格的にバーボンづくりに乗り出した。1971年に、現在のケンタッキー州ローレンスバーグにあるリピー蒸溜所を買収。ワイルドターキーは、当初から一貫してその味を変えず、くっきりした性格と奥行きのある豊かな風味を持っている。伝統の製法も変わらず、発酵槽は昔からのイトスギ材で、原料はライ麦や大麦麦芽の比率が高く、自社培養の酵母を使用。蒸溜度数は低めに設定されている。独特の深みのある苦みや芳醇なフレーバーはこうして生まれる。「8年」の101プルーフ(50.5度)も発売当時から決められた度数だ。

DATA

製造元	オースティン・ニコルズ社
創業年	1855年
所在地	Lawrenceburg,Kentucky
	http://www.wildturkeybourbon.com/
問合せ先	(株)明治屋

LINE UP

ワイルドターキー スタンダード
…………………700mℓ・40.5度・オープン価格

ワイルドターキー レアブリード
…………………700mℓ・58.4度・オープン価格

ワイルドターキー 13年700mℓ・45.5度・オープン価格

ワイルドターキー アメリカンリニー
…………………700mℓ・35.5度・オープン価格

TASTING NOTE

ワイルドターキー 8年

700mℓ・50.5度・オープン価格

色	ダージリンティ。
アロマ	樽香、カスタードクリーム、シナモンパウダー、キャラメル。
フレーバー	ドライ、でも花の蜜のような甘さ。プラム。
全体の印象	力強さと華やかさが同時進行する。どっしりした貫録。

WOODFORD RESERVE

ウッドフォード リザーヴ

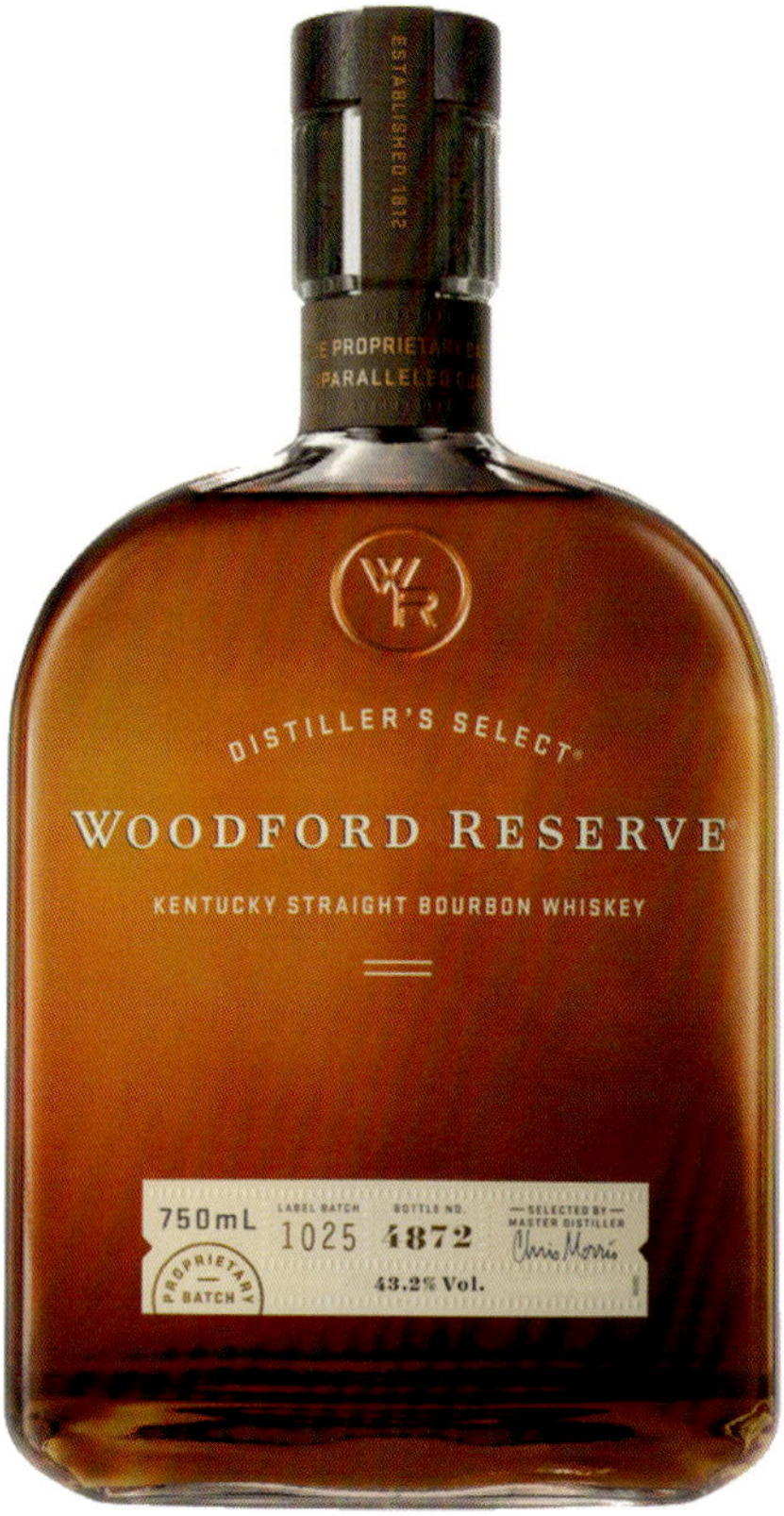

復興された名門蒸溜所が生む
果実の芳香の新しいバーボン

　ウッドフォード リザーブ蒸溜所は、もともとは1812年、フランクフォートの南にオールド・オスカー・ペッパーとして創業、1878年からはラブロー＆グラハムという名前で操業された名門蒸溜所だ。良質なバーボンを生み、1940年にはブラウン・フォーマン社に買収されたが1973年に閉鎖されていた。しかし1994年、同社はその再建をスタート。その際に、バーボンでは唯一の銅製のポットスチルが3基導入され、しかも蒸溜は3回蒸溜を採用。発酵槽にも昔ながらのイトスギ製のものが設置された。蒸溜は1996年9月に始まり、以来由緒ある同蒸溜所にふさわしく、こだわりのスモール・バッチ・バーボンとして少量生産が続けられている。そのテイストは各所で評価を得てきている。ピュアな酒質で、果実を思わせる芳香に、オークの樽香を感じさせ、スイートでなめらか。

DATA

製造元	ウッドフォード リザーブ・ディスティラリー社
創業年	1878年
所在地	Versailles,Kentucky
問合せ先	アサヒビール(株)

LINE UP

ウッドフォード リザーヴ ダブルオークド
……………………………750mℓ・43度・8,000円

TASTING NOTE

ウッドフォード リザーヴ	
750mℓ・43度・5,210円	
色	きれいな、明るい琥珀色。
アロマ	弱めの樽香、ほんのりバニラ。オレンジピール。おいしそうな香り。
フレーバー	甘すぎず、軽過ぎず、ゆっくり飲める。アルコール感はそれほど感じない。
全体の印象	大きな主張はないが、おいしそうな雰囲気。香り重視。ゆっくりロックで。

JACK DANIEL'S

ジャック ダニエル

“テネシー・ティ”と形容される華やかな香りとまろやかな味わい

「ジャック ダニエル」はテネシー・ウイスキーだ。法律的にはバーボンに入るが、一番の特徴はチャコール・メローイングという製法にある。蒸溜したての原酒をサトウカエデの木炭でろ過するのだが、木炭の詰められたろ過槽は3mの深さがあり、原酒は一滴一滴、約10日間かかってろ過される。これによってスムーズでまろやかな酒質が与えられるのだ。創業者のジャック・ダニエルは7歳でウイスキーづくりに従事し、1866年、弱冠16歳でテネシー州リンチバーグに自らの蒸溜所を建設。この地を選んだのはウイスキーづくりに最適な水が湧き出るケーブスプリングという泉があったから。主力製品の「ブラック」はミディアム・ヘヴィで、華やかな香りとまろやかな味わいが身上。“テネシー・ティ”とも形容され、昔から数々の受賞歴を誇っている。

DATA

製造元	ジャックダニエル・ディスティラリー社 http://www.jackdaniels.com/
創業年	1866年
所在地	Lynchburg,Tennessee
問合せ先	アサヒビール(株)

LINE UP

- ジャック ダニエル テネシーハニー ……………………700㎖・35度・2,390円
- ジェントルマンジャック ……750㎖・40度・3,350円
- ジャック ダニエル シングルバレル ……………………750㎖・47度・7,510円
- ジャック ダニエル ゴールド ……………………700㎖・40度・10,000円
- ジャック ダニエル シナトラセレクト ……………………1000㎖・45度・20,000円

TASTING NOTE

ジャック ダニエル・ブラック OLD NO.7	
700㎖・40度・2,550円	
色	濃いめの紅茶。少し麺つゆ色。
アロマ	りんご。みずみずしい。
フレーバー	やさしく飲みやすいが、苦味は強い。スムースでやわらか。
全体の印象	後口はすっきりドライ。華やかというよりメロー。

OLD OVERHOLT

オールド・オーヴァーホルト

濃厚なライの風味が味わい深いライ・ウイスキーの代表格

1810年に誕生した「オールド・オーヴァーホルト」は、ストレート・ライ・ウイスキーを代表する存在である。ラベルにも描かれている創業者、アブラハム・オーヴァーホルトは、ドイツ系開拓移民の3世にあたり、1810年にペンシルヴェニア州ウエストモーランド郡に同社を興した。一時は生産中止の憂き目を見るなど変遷をたどり、現在はバーボンの老舗、ジム ビーム社のクレアモント工場で蒸溜されているが、創業以来、ひたすらストレート・ライ・ウイスキーだけをつくり続けている。連邦アルコール法で、ライ・ウイスキーは原料中のライ麦使用率が51%以上と規定されているが、これは大きく上回る59%を使用。そのため、ライ麦の風味が濃厚で、本来のライ・ウイスキーの性格を色濃く持つ。特有の深い味、芳醇なフレーバーをバランスよく味わうことができる。

DATA

製造元	A・オーヴァーホルト社
創業年	1810年
所在地	Clermont,Kentucky
問合せ先	—

TASTING NOTE

オールド・オーバーフォルト

750㎖・40度・オープン価格

色	きれいな黄金色。
アロマ	ホワイトペッパー、オレンジピール、ほんのり甘い香り。軽くミント。少し花粉にむせ返るような匂い。
フレーバー	軽い。サラサラした舌ざわり。少し甘栗みたいな甘味がして、消えていく。
全体の印象	まさしくライトボディ。軽く、飲み込んだ直後は甘さが口に広がるが、後には残らない。

SEAGRAM'S SEVEN CROWN

シーグラム セブンクラウン

ライト&スムースで軽快な飲み口 人気のアメリカン・ブレンディッド

「セブン・クラウン」の登場は1943年秋、禁酒法解禁の1年半後に発売された、初のアメリカン・ブレンディッドウイスキーだ。13年にわたる禁制が解かれた直後、人々は先を争って酒を買い求め、それ目当てに市場には充分に熟成していない粗悪なウイスキーが氾濫した。そうした中、シーグラム社は自社のウイスキーの熟成をじっと待ち、満を持して発売したのである。良質な原酒だけをブレンドしたウイスキーは、ライトでスムース。発売2カ月にして一気に売上げトップに立ち、以来アメリカのトップセラー・ウイスキーの一つとなった。セブン・クラウンの名は、発売前に社内で十数種のブレンドを試したところ、7番目が採用されたため、「7」と王者の印「クラウン」を合わせたもの。ストレートでもソフトドリンクで割ってもよく、セブンアップで割った〝セブンセブン〟も有名。

TASTING NOTE

シーグラム セブンクラウン	
750mℓ・40度・2,620円	
色	透明感のあるオレンジゴールド。
アロマ	樽の香り、蜂蜜、スミレの花、ライトな甘さ。ハッカ。
フレーバー	ライトで、甘い。オレンジピール。アルコール感はあまり感じない。
全体の印象	後にスパイシーさが少し残るが、それほど気にならずスーッと消えていく。

DATA

製造元	ザ・セブン・クラウン・ディスティリング社
創業年	1857年
所在地	Stamford,Connecticut
問合せ先	キリンビール(株)

Canadian Whisky

カナディアン・ウイスキーを知る

カナディアン・ウイスキーとは?

ライ麦を主原料に使った、軽快で香り高いライトタイプのウイスキー

発展の大きなきっかけはやはりアメリカの独立戦争

カナディアン・ウイスキーの特徴は、ライトでスムースな口当たり。世界の5大ウイスキーの中では、もっともライトなタイプだ。軽快で、カクテルのベースなどにもよく使用される。

カナダでは、ヨーロッパからの移民が小型蒸溜器を持ち込んで、ブランデーやラムを蒸溜していたが、ウイスキーづくりは、18世紀後半、特にアメリカの独立戦争以後、独立に反対して行き場を失った王党派の人々が数多く移住し、以降大きく進展していく。五大湖北部のオンタリオ州からケベック州にかけて多く移住してきた彼らは、穀類生産を始め、製粉業が栄えるようになった。その業者の中から、余剰の穀類を使ってウイスキーの蒸溜を行い、繁盛する者が出てきたのだ。以後、五大湖地方やセント・ローレンス河沿いに次々と蒸溜所ができ、19世紀半ばには２００軒を超えたという。

現在のカナディアン・ウイスキーについては、フレーバリング・ウイスキーとベース・ウイスキーという2タイプの原酒をつくり、それをブレンドするという方法が一般的だ。フレーバリング・ウイスキーはライ麦が主原料で（ほかにライ麦麦芽、大麦麦芽、トウモロコシなど）、連続式蒸溜機のあと、さらに単式蒸溜器を使って蒸溜を重ね、アルコール度数を約84度としたおだやかで香りの高いウイスキー。ベース・ウイスキーはトウモロコシが主原料で（ほかに大麦麦芽など）、連続式蒸溜機でアルコール度数約95度まで高めた純度の高いクリーンなウイスキー。これらをいずれも3年以上熟成させてブレンドする。熟成に使う樽は、ホワイト・オークの新樽、古樽、シェリー樽などさまざま。さらに、輸入された他のウイスキーやワイン（ブランデー、モルト・ウイスキー、ラム、シェリー、バーボンなど）を9・09%まで加えることが許されている。また、使用

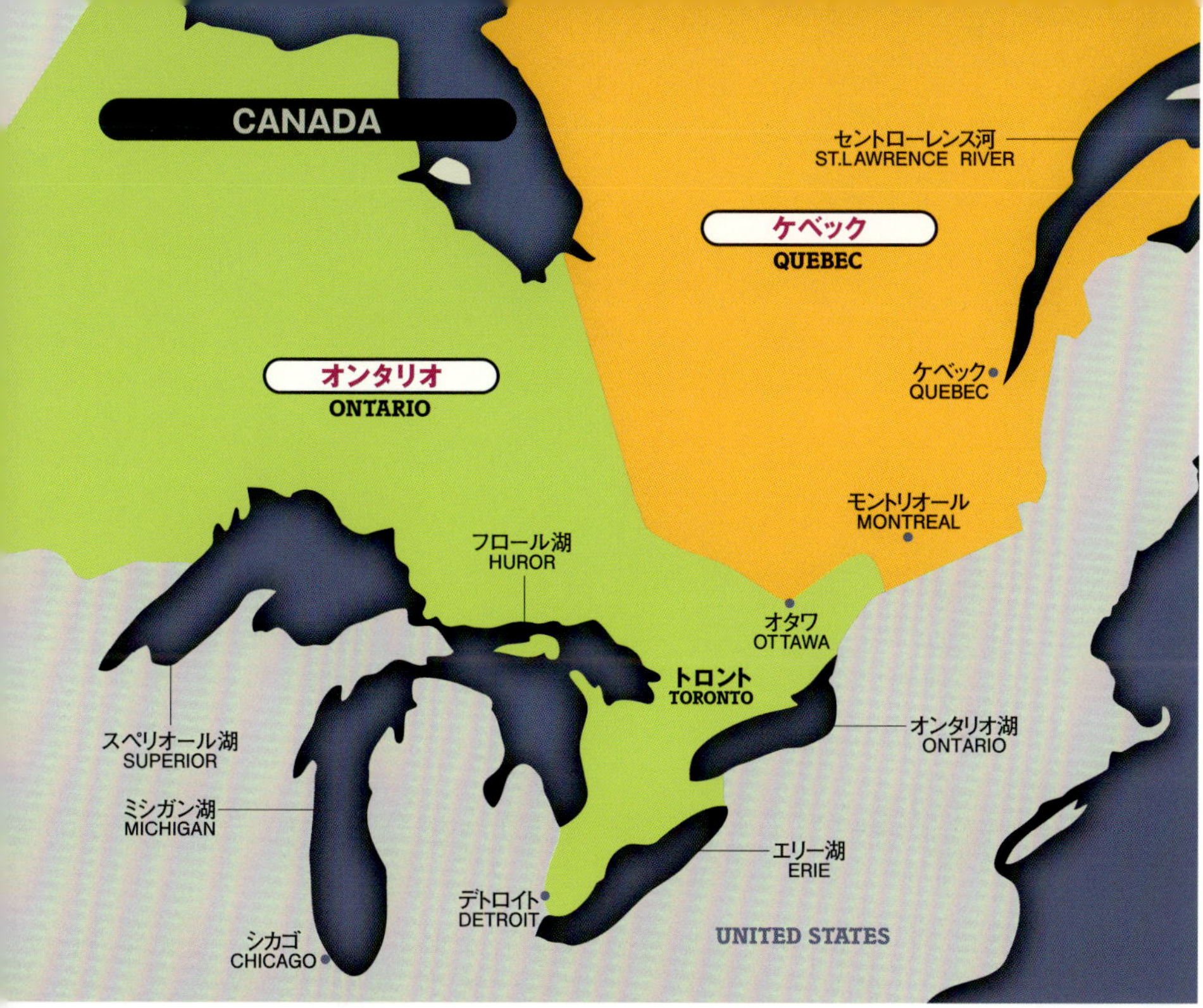

したフレーバリング・ウイスキーのライ麦の使用比率が51%以上ならば、ラベルにライ・ウイスキーと表示できる。

カナディアン・ウイスキーは、アメリカの禁酒法時代（1920〜33年）、その恩恵を預かりさらに大きく発展を遂げる。密輸によって巨大なマーケットを手に入れると、その撤廃後も、アメリカの酒類業界が再興準備に手間取るあいだに、大量に輸出され、その地位を確固たるものにしていったのだ。

カナディアン・ウイスキーの種類

フレーバリング・ウイスキー

ライ麦を主原料に、連続式蒸溜機のあと、さらに単式蒸溜器を使って蒸溜を重ね、アルコール度数を約84度まで高めたもの。おだやかだが強い芳香がある。3年以上熟成させる。

＋

ベース・ウイスキー

トウモロコシを主原料に、連続式蒸溜器でアルコール度数を約95度まで高めた純度の高いウイスキー。いわゆるグレーン・ウイスキーでクリーンでくせがない。3年以上熟成させる。

↓

●カナディアン・ウイスキー

フレーバリング・ウイスキーとベース・ウイスキーをブレンドし、加水してつくる。くせが少なくて飲みやすく、ライトで軽快な風味。

●カナディアン・ライ・ウイスキー

ブレンドに使用するフレーバリング・ウイスキーの、ライ麦の使用比率が51%以上であれば、ラベルに、ライ・ウイスキーと表示することができる。

カナディアン
ウイスキー
カタログ

Canadian
Whisky
Catalog

カナディアンクラブ

爽快な香りとやわらかな口当たり カナディアンを代表する一本

香り高く、やわらかでピュアな味わいは、世界中にファンを持ち、カナディアン・ウイスキーの代表といってもいい。1856年、デトロイトの対岸のカナダの土地（現オンタリオ州ウォーカーヴィル）を購入した青年実業家ハイラム・ウォーカーは、そこに一つの町を築き、蒸溜所を建設。1858年、それまでにない軽いタイプのウイスキーを世に出した。それは当時のアメリカ紳士たちの社交場「ジェントルメンズ・クラブ」で人気を集め、「クラブ・ウイスキー」と名付けられた。1890年、この人気に脅威を覚えたバーボン業者の要請で、アメリカ産とカナダ産のウイスキーを区別する法律が制定される。その結果、「カナディアンクラブ」という名が誕生したのだ。スタンダード品は熟成6年以上、ライ麦の爽快な味を持ち、ライトな味わい。ロックや水割り、カクテルベースとしても最適。

TASTING NOTE

カナディアンクラブ	
700mℓ・40度・1,390円	
（クラシック12年）	
色	ダージリンティ。
アロマ	ライム、オレンジ。バニラ。
フレーバー	甘さと辛さが表裏一体でコロコロ変わる。やわらかさの中にコク。少し粉っぽさ。
全体の印象	軽く、スムース。加水するともっと軽くなるが、ライ麦っぽさはより前に出てくる。

DATA

製造元	ハイラム・ウォーカー＆サンズ社
設立年	1858年
生産地	Walkerville,Ontario
問合せ先	サントリーホールディングス（株）

LINE UP

カナディアンクラブ クラシック12年 ……………………………700mℓ・40度・2,000円

カナディアンクラブ ブラックラベル ……………………………700mℓ・40度・4,000円

カナディアンクラブ 20年 ……750mℓ・40度・15,000円

CROWN ROYAL

クラウン ローヤル

600種もの試作品から選ばれ英国王に献上された佳酒

「クラウン・ローヤル」はシーグラム社のプレミアム・カナディアン・ウイスキー。もともとは、1939年、イギリスのジョージ6世夫妻が英国王として初めてカナダを訪問した際に、献上品としてつくられたものだ。豊富な穀類と清冽な水に恵まれたラ・サール蒸溜所で、600種ものブレンドを試作し、その中から選び抜かれた逸品である。以来、同社の賓客接待用として限定生産されていたが、あまりに人気が高かったため、プレミアムとして発売。現在ではカナディアンを代表するブランドとして世界中で愛飲されている。格調の高さを示すように、ボトルは王冠をかたどった化粧瓶にデザインされ、紫の布製の袋に収められている。香りとコクの絶妙なバランスを追求してブレンドされたその味わいは、エレガントでまろやかな舌ざわりを持つ個性的な風味を醸し出している。

DATA

製造元	ザ・クラウン・ローヤル・ディスティリング社
設立年	1857年
生産地	Waterloo,Ontario
問合せ先	キリンビール(株)

TASTING NOTE

クラウン ローヤル

750㎖・40度・2,640円

色	ベッコウ飴のようなカラメル色。
アロマ	ホワイトペッパー、食パン、マーマレード。カスタードプリン。
フレーバー	ライムのような少し苦味のある柑橘系。軽く、ウッディな感じ。穀物の甘み。
全体の印象	後味はレモンのようなさっぱりした酸味が残る。全体にやさしい印象。角がなくこなれている。

ALBERTA

アルバータ

素朴なコクと香りを備えた カナディアン・ライ・ウイスキー

アルバータ蒸溜所は、北米で最大規模のライウイスキー蒸溜所だ。カルガリー近郊にある。「アルバータ プレミアム」は1958年から発売されているカナディアン・ライ・ウイスキー。カナディアン・ウイスキーでは、原料にライ麦を51%以上使用したもののみ「カナディアン・ライ・ウイスキー」という表示が許されている。原料のライ麦は、ロッキー山脈の麓、アルバータ州で収穫された世界最高と称される上質なものが使われ、ロッキーの氷河から溶け出す美しい水で仕込まれる。また、通常3年以上と規定されている熟成期間を5年間じっくりと熟成することで、コクを抑え、口当たりはソフトに仕上げられている。また「アルバータ ダークバッチ」は、ライウイスキーに、バーボンとシェリー酒を加えたカナディアン・ウイスキー。ドライフルーツやバニラの甘み、深い香味が心地いい。

TASTING NOTE

アルバータ プレミアム

750P・40度・1,800円

色	紅茶みたいな色。
アロマ	干し草のよう。少し埃っぽい。加水するとやさしい甘い香りが出てくる。
フレーバー	とても軽い。意外と甘い。鼻に抜けるときに不思議な フルーツ香。
全体の印象	マイルド。フィニッシュは短く、すぐに消えていく。

DATA

製造元	アルバータ・ディスティラーズ社
設立年	1946年
生産地	Calgary,Alberta
問合せ先	サントリーホールディングス(株)

LINE UP

アルバータ ダークバッチ
……………………750mℓ・45度・2,800円

❷

シングルモルトを巡る旅

Part ❺

キャンベルタウン編

歴史を物語る昔日のウイスキー・キャピトルへ

変わらぬ美酒の向こう側に時を透かし見つつ歩く

　スコットランド南西端に伸びるキンタイア半島、その南端にあるキャンベルタウンは、いささか遠く、陸の孤島といった印象がある。グラスゴーから車を走らせるとグッと北へ迂回して大回りしなければならないからだ。それでもここは、ウイスキー好きなら一度は足を伸ばしてみたい場所に違いない。かつてその歴史の中で果たした役割は大きく、実は今も、数少ないがとても魅力的な蒸溜所がある。

　今でこそ遠いと言ったが、船が重要な交通手段だった時代には、ここは交通の要所だった。自然の良港に恵まれて大西洋に開け、漁業や貿易の拠点となる。暖流の影響で農作物も豊富、石炭など資源にも恵まれていたのだ。

　早くからウイスキーの蒸溜も始まり、17～18世紀の密造時代を経て19世紀には、漁業、造船業とともに、〝ウイスキーの首都〟として大繁栄する。グラスゴーやイングランド、さらにアメリカといった大市場

3

1

❶かつてのロングロー蒸溜所の熟成庫。今はスプリングバンク蒸溜所のボトリング設備がある。キャンベルタウンの街中には、今も随所にかつての蒸溜所跡が形を変えたりして残っている。

❷静かな内海となっているキャンベルタウン湾。港の向こう側の高台には瀟洒な豪邸が並ぶが、それらはかつてウイスキーで財を成した人々の残したものだという。

❸キャンベルタウンの街からさらに南に向かうと潮風が抜けるどことなくのんびりした風景が。半島の最南端、キンタイア岬まで行くとそのすぐ先はもう北アイルランド。直線距離にして20kmに満たない。

を抱え、最盛期には少なくとも34の蒸溜所を数えた。

しかし、20世紀に入ると落日が訪れる。増税、アメリカの禁酒法、第一次大戦、大恐慌。他方では、ブレンディッドの急成長に対し、生産の拡大に原料や石炭の供給が追いつかず、コストもアップする。そんな状況下、さらに決定的だったのは、禁酒法下、アメリカのもぐりの酒場に粗悪なウイスキーを供給したことだ。これによりキャンベルタウンモルトの評判は著しく下落してしまう。

現在、キャンベルタウンの蒸溜所は、最近復興したものを合わせても3つを数えるのみだ。しかし、火が消えたわけではない。美酒も存在する。潮風に当りながら、街並みと歴史に思いを馳せつつ飲む。そんな旅もいいものだ。

①

スプリングバンク蒸溜所

③

自家製麦、伝統の2回半蒸溜
キャンベルタウンの火は消えない

キャンベルタウンには現在3つの蒸溜所しかない。スプリングバンクとグレン・スコシア、それと2004年にスプリングバンクの手で復興されたばかりのグレンガイルだ。とはいえ、スプリングバンクは

❶1番左がウォッシュ・スチル(初溜釜)、右の2つがローワイン・スチル(再溜釜)だ。初溜釜は石油の直火焚きとスチーム・コイルを併用しためずらしい加熱方式。モルトによって2回半蒸溜、2回蒸溜、3回蒸溜が、いずれもこの3つを使い分けて行われる。

❷この蒸溜所には、スプリングバンク、ロングロー、ヘイゼルバーンという3つの特徴が異なるモルトがある。

❸中庭には樽がごろごろ。蒸溜所は港に近く、スプリングバンクにはキャンベルタウンモルトに特徴的と言われるブライニーな(塩っぽい)テイストもある。

②

4

❹使用するすべての麦芽が伝統的なフロアモルティングで製麦される。大麦は均等に10数㎝くらいの厚さに敷き詰められ、5〜7日間ほどかけて最適な状態に発芽させられる。

❺左がディスティラリー・マネジャーのスチュアート・ロバートソン氏、右は重役のフランク・マッカーディー氏。2人とも自分たちのモルトを心から愛している。

❻キャンベルタウンのピートは、粘土みたいで密であり、たとえばアイラのものと比べると、潮気はあるがオイリーさはないのが特徴だという。

❼ピートを焚く釜。発芽した大麦は、まずここで燃やすピートの煙を焚き込まれて乾燥させられる（ヘーゼルバーンを除く）。モルトによって、焚き込む時間が異なっている。

7

6

5

昔からその素晴らしいモルトで評価が高い。そして間違いなく重要な蒸溜所の一つだ。

ここは、創業間もない1837年以来現在までミッチェル家がオーナーで、一族による独立経営が続くスコットランドで1番古い蒸溜所だ。のみならず、設備や製法も、創業当時からほとんど変わることなく受け継がれ、もちろんそれに誇りを持っている。

「これが伝統だし、スプリングバンク独自の味わいを生むんだ」

そう言ってスプリングバンクの2回半蒸溜の仕組み（P216参照）について教えてくれたのは、ディスティラリー・マネジャーのスチュアート・ロバートソン氏だ。もともとのキャンベルタウンモルトというと「ヘビー、オイリーで、濃厚」。それに対して、この蒸溜方法を使うことによって、スプリングバンクの「ライトで甘く、とてもスムース。少しだけピーティでスモーキーな」味わいが生み出されるのだという。

スプリングバンクでは、使用する麦芽すべてを伝統的なフロアモルティングで自家製麦し、ボトリング設備も所有し、全工程をここで一貫して行っている。そんなところは、スコットランド中を見渡しても他にはない。それはすべてを納得のいく形で品質にこだわりたいということだ。激動のキャンベルタウンで生き残ることができた理由も、そんなポリシーゆえだと思う、という話も興味深い。

「われわれは長い目で見て品質を重要視しました。最も厳しい時代、いい原料だけを選ぶととてもコストがかかり、多くはつくれない。でもそれで、生産過剰に陥らず、品質のいい少量の在庫を保てた。

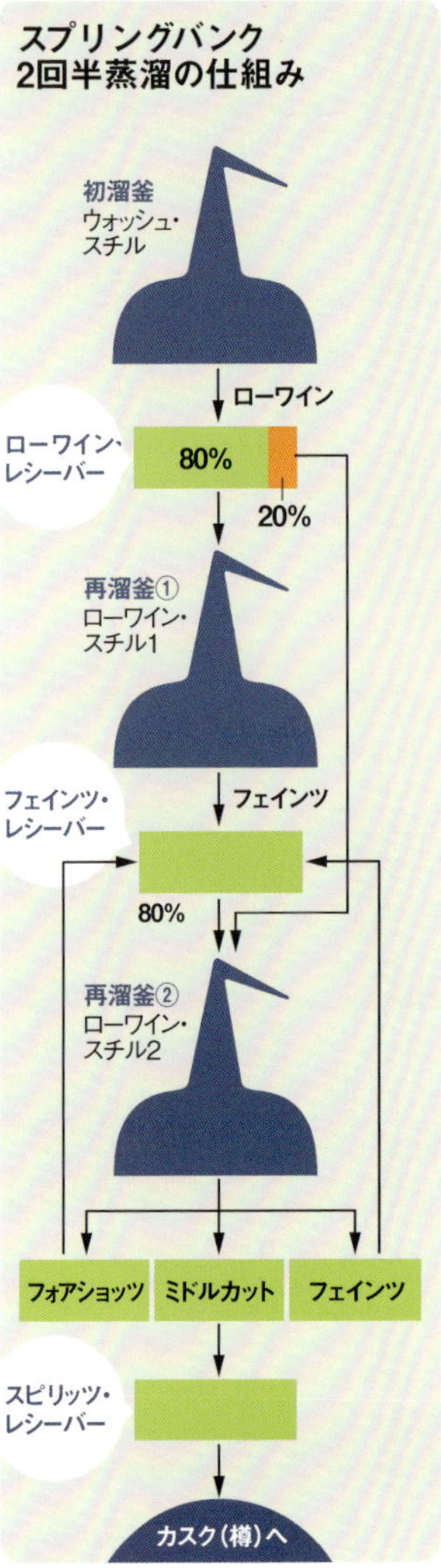

↑初溜釜で蒸溜されたローワインのうち80%は、再溜釜①、再溜釜②とたどり、3回蒸溜される。一方、最初のローワインの残り20%は、直接再溜釜②へ向かうため2回蒸溜ということになる。この2つを合わせるため2回半蒸溜と呼ばれる。
※「フォアショッツ」「ミドルカット」「フェインツ」についてはP224参照

❽麦芽の粉砕に使うモルト・ミルは創業以来変わらないポータス社のもの。年代物という感じでなかなかの迫力。

❾1世紀以上使われているというマッシュタン(糖化槽)は、鋳鉄製でオープントップのもの。中にはパドル式の攪拌機がついている。

❿スピリットセイフの前に立つベテラン・スチルマン。当然ながら、彼の熟練の技もまた、この蒸溜所のモルトの完成度には欠かせないものだ。

たとえば、80年前は樽が足りなくてすごい粗悪品が横行したんですが、樽にもかなり投資しました」

　すべての工程を一貫して行うからこそできることもある。ここではスプリングバンク以外に、ロングロー、ヘーゼルバーンというまったく違う2つのモルトをつくっている。前者はヘビーにピートを焚き込んだ2回蒸溜、後者はノンピートの3回蒸溜。こうしたことも「自分たちの満足の行くモルティング」がベースにあることは言うまでもない。他にも、大麦、水、ピート、石炭のすべてをローカル産で仕込んだもの、'99年には世界初のオーガニック・モルトを出すなど……。少量生産ながら、スプリングバンクには、味わってみたいこだわりのボトルが尽きない。

6章

ウイスキーの基礎知識

Basics

ウイスキーのできるまで

モルト・ウイスキーの場合

ウイスキーづくりの工程を知れば知るほど、もっとウイスキーが味わい深くなる。ここでは、すべてのウイスキーづくりの基本ともいえるモルト・ウイスキーの製造工程を紹介する。

原料には二条大麦が使われる。

原料

1 製麦（せいばく）
Malting
→P220

ウイスキーを仕込むための麦芽をつくる工程。

2 糖化
Mashing
→P222

デンプンを糖分に変え、甘い麦汁をつくる。

基本的な製造工程の流れはどのウイスキーも一緒

ウイスキーの種類によって、もちろん製造工程に違いはあるのだが、基本的な工程の流れは同様である。まず①製麦から②糖化、③発酵。ウイスキーは原料が穀物で、アルコール発酵させるためには、含まれるデンプンを糖分に変える必要がある。そこで糖化酵素を持つ麦芽をつくり、それによって原料の糖化を図る。さらにそこに酵母を加えて発酵させ、ウォッシュ（もろみ）をつくる。次にこれを④蒸溜する。それによって得られるのが、ニューポットと呼ばれる無色透明なアルコールである。ただし、それはまだウイスキーではない。これをオークの木樽に入れて熟成させる（⑤貯蔵熟成）ことによって、初めて琥珀色の香り高いウイスキーとなるわけである。ここでは、モルト・ウイスキーの製造工程を通してその中身を見ていくことにする。

3 発酵
Fermentation
→P223

酵母を加えて発酵させ、ウォッシュ（もろみ）をつくる。

4 蒸溜
Distillation
→P224

単式蒸溜器によって蒸溜し、ニューポット（原酒）に。

5 貯蔵熟成
Maturation
→P226

オークの樽に詰め、熟成庫で長期間貯蔵する。

6 ヴァッティング
Vatting
→P227

樽ごとの個性を見極め、必要に応じて大桶に混ぜ合わせる。

7 瓶詰め
Bottling
→P227

その他のウイスキーは？

個々のどの製造過程でも、ちょっとした違いでウイスキーの風味は変わってくるが、ウイスキーのタイプ（種類）を分ける大きな違いは、主に原料と蒸溜方法、さらにブレンドするかしないかの3つだ。たとえばグレーン・ウイスキーなら、原料は麦芽を含むが通常トウモロコシなどが主体。さらに連続式蒸溜機で蒸溜するところが異なっている。モルト・ウイスキーとグレーン・ウイスキーをブレンドすれば、それはブレンディッド・ウイスキーとなる。

◀1●

製《せい》麦《ばく》

Malting

大麦を発芽させ、乾燥する。ピートを焚き込むのもこの工程。

ラフロイグ蒸溜所の伝統的なフロアモルティング。発芽が均一に進行するように、木製のシャベルですき返す。

発芽した大麦を乾燥させるときにピートが焚き込まれる

ウイスキーづくりは、まず麦芽（モルト）をつくることから始まり、それを製麦と呼ぶ。モルト・ウイスキーの原料は大麦だが、大麦に含まれるデンプン質はそのままでは発酵しない。これを発芽させ、それによって生成される糖化酵素がデンプンを発酵に必要な糖分に変える役割を果たしてくれる。

まずは大麦を浸麦槽で水に浸して充分に水分を吸収させ、発芽を促す（浸麦）。このとき使われるのは蒸溜所独自の仕込み水だ。水を入れては抜くという作業を繰り返し、2〜3日で発芽の条件が整う。伝統的な方法では、この大麦をコンクリートの床の上に20㎝前後の厚さに広げ、木製のシャベルで数時間おきに攪拌しながら発芽させていく。これは発芽が均一に進行し、また、伸びた根が絡まないようにするためで、この作業をフロアモルティングという。発芽がある程度進んだら、今度はその進行を止める必要がある。あまり芽が出ると、糖分が養分として使われ、逆に失われてしまうからだ。発芽をストップさせるには、麦芽を乾燥させる。そこで麦芽は乾燥塔（キルン）に運ばれ、下からピートや石炭などを焚いて、その熱風で乾燥させられる。スコッチに特有なスモーキーフレーバーは、このとき焚き込まれたピートの煙によるものだ。こうして香ばしい乾燥麦芽（モルト）が完成するのだ。

　これが伝統的な製麦の方法。ただ、現在は製麦は蒸溜所では行わず、モルトスターと呼ばれるモルトづくりの専門業者に注文するのが一般的になっている。モルトスターでは機械化された方式で、注文のレシピに応じた麦芽を生産する。

製麦の流れ

浸麦《しんばく》 Steeping

大麦を水に浸けて水分を吸収させ、発芽を促す。このとき使われるのは蒸溜所独自の仕込み水だ。

発芽 Germination

（フロアモルティング）

浸麦を終えた大麦は発芽室に移される。フロアモルティングの場合、大麦はコンクリートの床に広げられ、発芽がムラにならないように、数時間おきにシャベルですき返される。

乾燥 Kilning

適度なところで発芽を止めるために、乾燥させて水分を抜く。キルン(乾燥塔)では麦芽の下から石炭やピートを焚いて乾燥させるが、このときにピートを焚き込むタイミングや時間によって、スモーキーフレーバーが変わってくる。

発芽して乾燥させた麦芽(モルト)。

原料は二条大麦

大麦には二条大麦と六条大麦があるが、スコッチで使われるのは二条大麦。デンプン質が多いため糖化しやすく、ウイスキーづくりに適している。

モルトスターとは?

現在では、モルトづくりは蒸溜所では行わず、モルトスターと呼ばれる専門の製麦業者に注文するのが一般的になっている。モルトスターでは、フロアモルティングのかわりに機械を使ったドラム式モルティングが主流で効率的に大量生産が可能。各蒸溜所は、麦の種類や乾燥の仕方、ピートを焚き込むタイミングや時間などを指定したレシピを渡し、オーダーメイドの麦芽をつくってもらっている。

マッシュタンと呼ばれる大きな金属の器の中で、ゆっくりと麦汁がつくられる。

2 糖化 Mashing

粉砕した麦芽に仕込み水を加え、甘い麦汁をつくる。

粉砕麦芽に加えられる仕込み水の性質も大切

乾燥させた麦芽は、次にゴミや小石を取り除かれ、細かく粉砕される。これを温水とともに糖化槽（マッシュタン）に入れ、甘い麦汁をつくるのが糖化の工程だ。

麦芽はモルトミルという機械で粉砕され、粉砕された麦芽をグリストという。これを糖化槽に入れ、温水を加えてゆっくり混ぜ合わせていくと、やがて麦芽はお湯に溶け、糖化酵素が働いてデンプン質を麦芽糖に変えていく。糖化がスムーズに進むのは60～65度といわれ、温度の管理が大切だ。さらに攪拌して糖分を抽出したら、これをろ過して糖液を取り出す。これが麦汁（ウォート）といわれるもので、さしずめ甘い麦ジュースといったところだ。

ところでここで加える温水に使われるのが蒸溜所の仕込み水であり、この水の性質によって麦汁の味わいは大きく左右され、ひいてはウイスキーの味が変わってくる。したがっていかに良質な水を豊富に得られるかというのが、蒸溜所の立地の大きな要件となり、こうした仕込み水のことを〝マザーウォーター〟と呼ぶ。一般に仕込み水には、ミネラル分の少ない軟水のほうがよいとされ、軽快でまろやかな味に仕上がるといわれる。また、水は湧き出る前にどのような地層を通ったかによっても独自の性質を持つ。たとえばピート層を流れ下った水であれば、モルトに草やハーブ、ヘザーの蜜の風味をもたらすという。

できあがった麦汁は次に発酵にまわされる。麦汁の搾りかすはドラフと呼ばれるが、たんぱく質をはじめ多くの栄養分を含むので、多くは加工され家畜の飼料として利用されている。

発酵槽はウォッシュバックと呼ばれる巨大な桶。
木製のものは、北米産のカラ松やオレゴン松製などが多い。

3

発酵

Fermentation

アルコール度数7％前後のウォッシュができあがる。

発酵はウイスキーの香味に大きく影響する

できあがった麦汁は、20～23度に冷却されてウォッシュバックと呼ばれる巨大な桶＝発酵槽に移され、そこに酵母が加えられて、いよいよ発酵が行われる。麦汁を冷却するのは、それ以上の温度では酵母が死んでしまうからだ。ウォッシュバックは現在はステンレス製のところも多いが、昔ながらのものは木製で、北米産のカラ松やオレゴン松などが使われている。

麦汁に酵母を加えることで、酵母が麦汁中の糖分を食べ、それをアルコールと炭酸ガスに分解するのが発酵である。それにともなって、酵母は、何百種類もの香味成分も同時に生成する。炭酸ガスで泡立ちながらほぼ3日間にわたって発酵が続き、アルコール度数約7％のウォッシュ（もろみ）ができあがる。

発酵にともなってさまざまな香味成分が生まれてくるといったが、これがウイスキーの複雑な香味や味わいを決定する大きな要因となる。発酵に使われる酵母の種類は一つではなく、複数の酵母を混ぜて使うなど、蒸溜所によって選択はさまざま。それによってもフレーバーは変わってくる。また、ウォッシュバックの材質や、発酵時間や温度の見極め、麦汁がどれだけ空気に触れるかなどによっても酵母の働きが影響され、香りは違ってくる。一般には発酵時間が長くなると、その分酵母が発する成分が多くなるため香味は複雑さを増すともいわれ、また、空気に多くふれるほど軽い味わいになるとも。いずれにしても熟練を要する、デリケートで大切な工程だ。

香味を決める発酵のポイント

- 発酵時間や温度管理
- 発酵槽の材質（ステンレス製、木製など）
- 酵母の違い

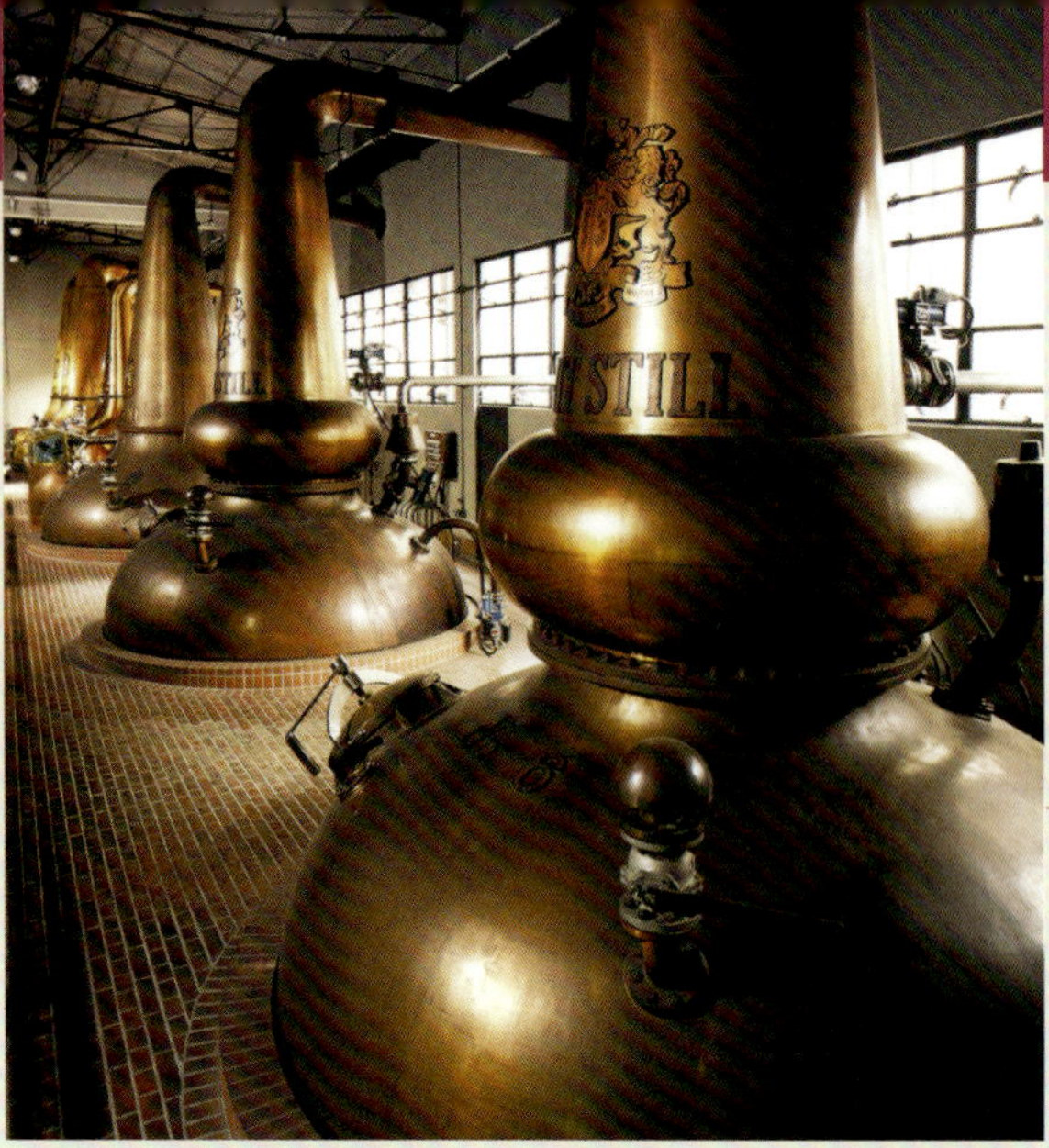

銅色に鈍く輝くボール(バルジ)型のポットスチル。奥にはストレートネック型のスチルの姿も。

4 蒸溜

Distillation

ポットスチルでの蒸溜は、ウイスキーならではの醍醐味。

2回の蒸溜で、無色透明なニューポットが取り出される

さていよいよ蒸溜。ここから先がウイスキーならではの工程だ。モルト・ウイスキーの場合は、発酵の終わったウォッシュ（もろみ）はポットスチルと呼ばれる銅製の単式蒸溜器に移され、2回蒸溜される。蒸溜というのは、水とアルコールの沸点の違い（アルコールの沸点は約80度）を利用して、ウォッシュを加熱して沸点の低いアルコールと香気成分を先に気化させ、それを再び冷却して液体として取り出すことである。これによってアルコールが凝縮される。また、ウォッシュに含まれた香味成分は、蒸溜器で加熱されることで化学変化し、新たな香味も生まれてより複雑になる。

1回目の蒸溜を行うスチルをウォッシュ・スチル（初溜釜）、2回目のそれをスピリッツ・スチル（再溜釜）という。1回の蒸溜でアルコールは約3倍に凝縮されるため、2回の蒸溜でアルコール度数は約70度となる。ポットスチルは銅製ですべて手づくりであり、その形や大きさは多種多様（P225参照）。それによっても取り出される原酒の香味やボディなど、酒質が影響される。銅製なのは、銅には不快な風味や硫黄化合物を除去する働きがあるからだ。

初溜では雑成分が多く、度数も足りないので2度目の再溜を行う。再溜によって取り出される液体は、スピリッツセーフを操作することで、最初に流れ出る部分（フォアショッツ）と最後の部分（フェインツ）はカットされ、好ましい香気成分をバランスよく含んだ真ん中の部分（ミドルカット）だけが取り出され、熟成に回される。カットされたフォアショッツとフェインツはスチルに戻されてローワイン（初溜液）と混ぜられ、再び蒸溜にまわされる。このようにして取り出されるのがニューポットだ。無色透明のアルコールで、まだ荒々しい個性を持っている。

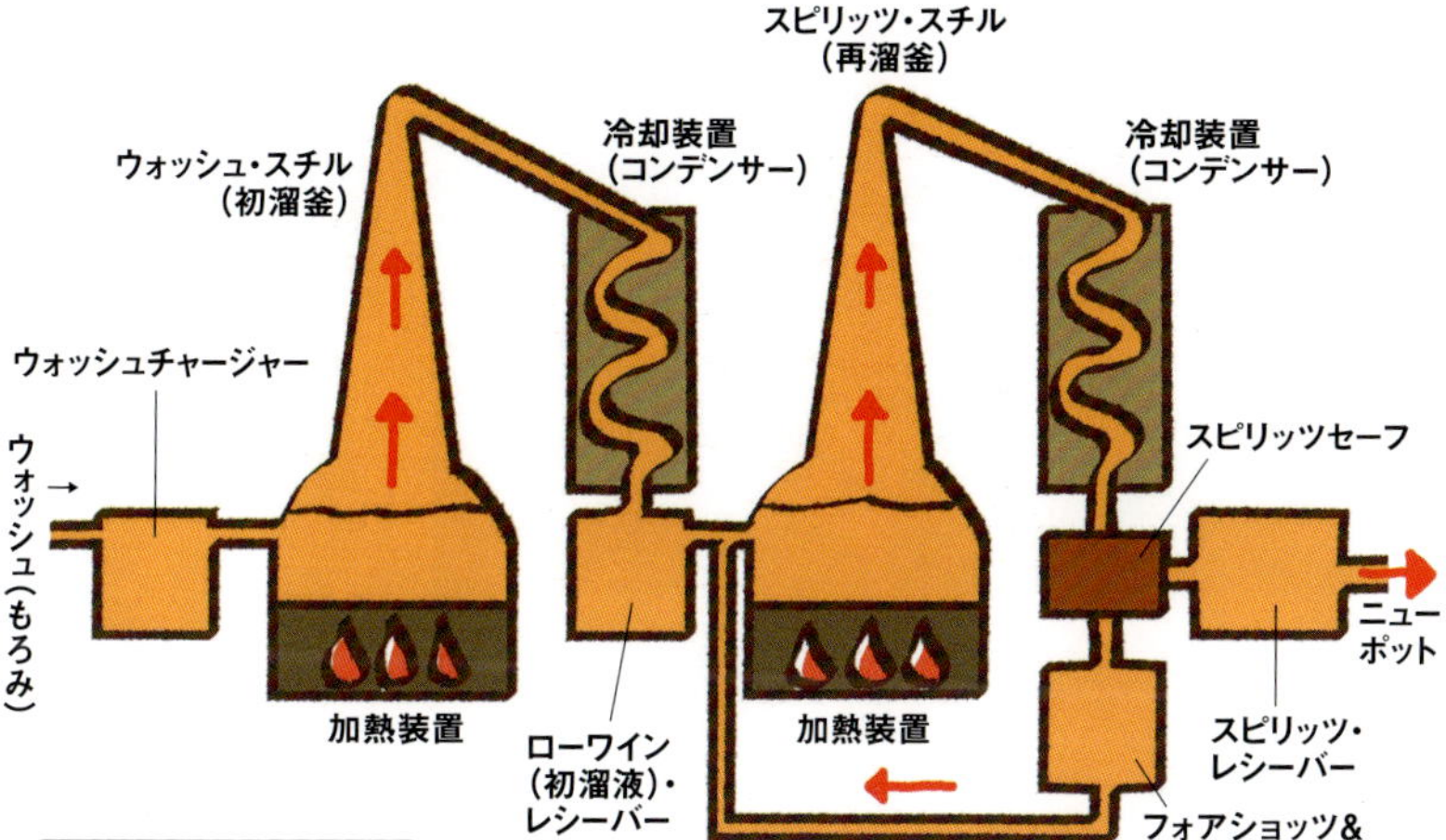

単式2回蒸溜のしくみ

モルト・ウイスキーでは、ウォッシュ・スチル(初溜)とスピリッツ・スチル(再溜)の2つのポットスチルで蒸溜し、アルコール度数約70度のニューポットが取り出される。ポットスチルに入れられたウォッシュ(もろみ)を加熱する方法には、石炭やガスによる直火焚きと釜の中にスチームパイプを通す間接式の2通りがある。前者の方が比較的ヘビーな酒質になるといわれている。

ポットスチルの形

ポットスチルの大きさや形状は、蒸溜所によってすべて異なる。図は形状的に3つにタイプ分けしたもの。一概にはいえないが、一般的に背が高く、またネックにくびれや膨らみがあるものほど軽く繊細な酒質が、ずんぐりして、ネックがストレートなものほどヘビーで濃厚な酒質が得られるといわれる。

ストレートネック型

アルコール以外の香味成分もそのまま上がるために複雑な仕上がりに。

ボール(バルジ)型

外気によって冷やされる外側の面積がより大きいため、すっきりして繊細な酒質となりやすい。

ランタン型

気化したアルコールがくびれに当たって落ち、再び戻るため、すっきりした仕上がりに。

樽に詰められたウイスキーは、貯蔵庫で長い熟成の眠りに入る。

5 貯蔵熟成 Maturation

天使に分け前を与えつつ、ウイスキーは琥珀色になる。

深い眠りの中、ゆっくり呼吸しながらウイスキーは熟成する

蒸溜で得られた無色透明の原酒、ニューポットは、オークの樽に詰められ、貯蔵庫で5年、10年、15年と長く深い眠りにつくこととなる。ただし、そのまま樽に詰められるわけではない。蒸溜したての原酒はアルコール度数がほぼ70度ある。これに水を加えて63度前後に落としてから樽に詰められる。これは、その度数が樽熟成にもっともよいからである。このときに加水されるのも、蒸溜所の仕込み水だ。

樽材には必ずホワイトオークかコモンオークが使用される（P19参照）。それはこの2つが、丈夫で漏れにくい素材であるとともに、ウイスキーに熟成の香味を与える成分が豊富だからだ。天然木である樽材は、夏の暑いときは膨張し、冬はギュッと縮まる。それによって樽はアルコールや水分を蒸散させたり、逆に外気を取り込んだり、それに合わせて樽の香味成分を溶け込ませたりしていく。また、水とアルコールの分子が手を結んで、丸みを増していく。こうして長い時間をかけて、無色透明なスピリッツは、まろやかで芳醇な琥珀色の液体、すなわちウイスキーへと姿を変えていくのだ。モルト・ウイスキーはこうして外気と呼吸を繰り返し、ゆっくり熟成していくので、熟成には空気が澄んで適度な湿気を持つ、冷涼なところがよいといわれる。また、熟成中のウイスキーは、蒸散によって1年に2％くらいずつ減っていく。これをスコットランドでは、〝エンゼルズ・シェア（天使の分け前）〟と呼んでいる。

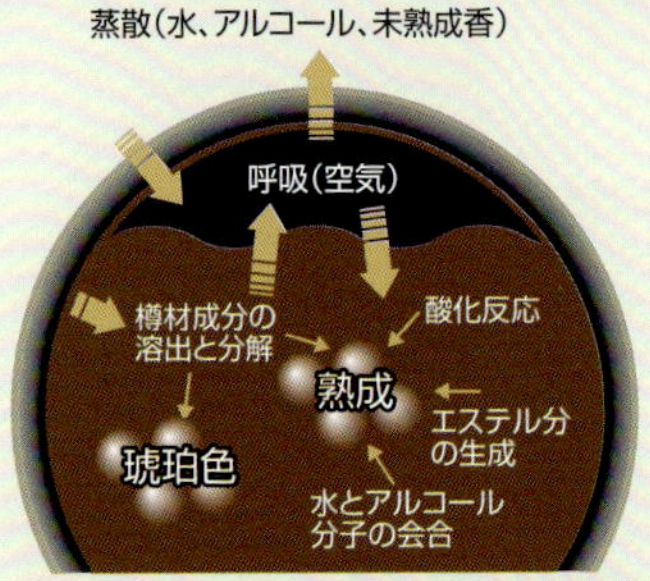

樽の中ではさまざまな反応が進行して、ウイスキーの深い香りと味わいが育っていく。

6 ヴァッティング
Vatting

7 瓶詰め
Bottling

ヴァッティング、加水、ろ過によっても味わいは変わる。

一つひとつの樽の個性、熟成度合をチェックし、管理するのもブレンダーの仕事である。

熟成を終えた樽は一つひとつみな個性が違う

樽の中で眠るウイスキーは、ゆっくり呼吸を繰り返し、外気も吸い込んで育つ。結果、熟成されたウイスキーは、熟成庫内のどこに置かれたか、何段目か、入り口近くか、天井付近か…などによって、一樽一樽みんな味が違ってくるものだ。そこで熟成を終えたウイスキーの樽の数々は、製品にもよるが、基本的にはいったん全部大桶（タンク）に集められ、ヴァッティング（ミックス）される。集めた樽をヴァッティングして、製品としてふさわしく、平均的な風味を保つためである。また、それをなじませるために再度樽に入れて後熟（マリッジ）される。マリッジは熟成ではない。こうした過程を経てようやくボトリングされるが、そのままでは平均でアルコール度数が50～55度ほどあるので、一般には加水して40～43度に落とし、瓶詰めされる。このとき加える水は、不純物などを取り除いた、蒸溜水が多い。もちろん、これはあくまで一般的なケースで、シングルカスクとする場合、カスク・ストレングスで出す場合など、製品によって異なってくる。それぞれの樽の状態を見極め、どう扱っていくかは、生産者やブレンダーの腕の見せ所といっていいかもしれない。

ボトリングに関しては、スコッチの場合、蒸溜所自体で瓶詰め設備を持っているところはほとんどなく（現状で3つ）、たいていは親会社の所有する瓶詰め工場でボトリングされている。そうした工場はグラスゴーやエジンバラ近辺に多い。

Whisky

ウイスキー 用語集

（五十音順）

ア

アフターテイスト[after-taste]
飲み込んだあとに口中に残る余韻、味わい。後口、残香、フィニッシュも同じ。

アロマ[aroma]
グラスに鼻を近づけたときに感じられる香り。

イースト[yeast]→酵母。

一空き→ファースト・フィル。

ヴァッティング[vatting]
複数のモルト・ウイスキー同士、またはグレーン・ウイスキー同士を混ぜ合わせること。

ヴァッティッド・モルト[vatted malt]
グレーン・ウイスキーを混ぜずに複数の蒸溜所のモルト・ウイスキーだけを混ぜたもの。シングルモルトよりは、個性が平均化する。

ヴィンテージ[vintage]
ウイスキーの蒸溜年のこと。

ウォート[wort]
糖化槽の中で、粉砕した麦芽に湯を加えて抽出した麦汁（糖液）のこと。ほのかに甘い。

ウォッシュ[wash]
ウォート（麦汁）に酵母を加えて発酵させてできたもろみ。6～8%のアルコール度数がある。

ウォッシュ・スチル[wash still]
モルト・ウイスキーの1回目の蒸溜で使用するスチル。ウォッシュを蒸溜するポットスチルという意味。1回目の蒸溜のことを初留といい、初溜釜ともいう。

ウォッシュ・バック[wash back]
発酵槽。ウォート（麦汁）に酵母を加えて発酵させるための容器。大きな桶。伝統的なものはカラ松やモミなどの木製。鉄、ステンレス製のものもある。

ウッディネス[woodiness]
樽などに由来する、木や森の香り。

ウッド・フィニッシュ[wood finish]
熟成の仕上げに、それまでの熟成と異なる種類の樽を使い、新たな風味を加える手法。→P31参照

エンジェルズ・シェア[angle's share]
「天使の分け前」という意味で、熟成期間中に蒸発してしまうウイスキーのこと。熟成の最初の年に3～4%、それ以降は毎年1～2%ずつ、樽の中身は減少する。

オープンリック方式[open lick]
バーボンの熟成庫の方式で、自立した木組みの棚からなり、自然の通風をよくするため、大きく窓が開け放たれる。7階建てくらいの巨大な建物が多く、樽の置かれる位置によって環境も大きく異なり、熟成度も変わる。

オフィシャル・ボトル［ official bottle ］
蒸溜所自体または蒸溜所を所有する会社によってボトリングされ、販売されるボトル。蒸溜所元詰め、ディスティラリー・ボトリングともいう。

オン・ザ・ロックス［ on the rocks ］
ロックグラスに大ぶりな氷を入れ、その上からウイスキーをストレートで適量注いだ飲み方。単にロックともいう。(→P175参照)

カ

カスク・ストレングス［ cask strength ］
樽出しの状態のアルコール度数をいい、50〜60度くらいのアルコール度数がある。それに対して通常は加水して40度くらいにして瓶詰めされる。

キルン［ kiln ］
麦芽乾燥塔。発芽した大麦（麦芽）を熱風で乾燥させる設備で、煙の排出口がパゴダ屋根（東洋の仏塔のような建築様式）になっている。パゴタ屋根はスコットランドでは蒸溜所のシンボルとなっている。

クーパー［ cooper ］
樽職人。樽だけでなくウォッシュ・バック（木桶）などの製造・修理も行う。

グリスト［ grist ］
糖化（マッシング）するために粉砕された麦芽のこと。

グレーン・ウイスキー［ grain whisky ］
トウモロコシなど麦芽以外の穀類を主原料に、連続式蒸溜器で蒸溜したウイスキー。モルト・ウイスキーに比べると、マイルドで飲みやすいが、個性には欠ける。ほとんどはブレンド用に使われる。→P16参照

ゲール語［ Gaelic ］
ケルト民族の言語で、アイルランド、スコットランドの民族言語。

後熟→マリッジ参照

酵母［ yeast ］
アルコール発酵を営む菌類の総称。糖類を食べてアルコールと炭酸ガスに分解する。イースト。

コフィー・スチル［ coffey still ］
1831年にイーニアス・コフィーが発明（改良）した連続式蒸溜機。その際パテント（特許）をとったことからパテント・スチルともいう。

ゴールデンプロミス種［ goldenpromis ］
1960年代にスコットランドに適したものとして開発された大麦の品種で、ウイスキーやビールの醸造用に最適とされた。現在はすでにほとんど生産されていないが、この品種での仕込みならではのフレーバーがあるとして、マッカランなどこだわり続けている蒸溜所も。

コモン・オーク［ common oak ］
スパニッシュオークに代表されるヨーロッパに自生するオークで、古くからワインやコニャックなどの樽材として用いられてきたもの。アメリカ産オークよりポリフェノールやタンニンが多く、モルト・ウイスキーを熟成するとシェリーウッド効果が強まる特質がある。(→P19参照)

コンデンサー［ condenser ］
モルト・ウイスキーの蒸溜に使う冷却装置。ポットスチルで気化したアルコールを再び液化させる。

サ

サワーマッシュ製法［ sour mash ］
バーボンの製造に特徴的な製法で、前回蒸溜で生じた蒸溜残液の上澄みを糖化槽、発酵槽に25%ほど戻す製法。→P182参照

再溜釜→スピリット・スチル参照

シェリーカスク［ sherry cask ］
シェリー樽。シェリー酒の熟成に一度使用された樽。容量はほとんどが480ℓ前後で、シェリーバットともいわれる。樽材はホワイトオークのものとスパニッシュオークのものがある。入れられていたシェリー酒の種類により、オロロソシェリー樽、フィノシェリー樽、ペドロヒメネスシェリー樽などがある。（→P30参照）

シェリー香［ sherry flavor ］
シェリー樽熟成によって得られるフレーバー。濃厚でレーズンや乾燥イチジクを思わせる芳香やシェリーのほのかな甘味などが特徴。

酒齢［ age ］
ウイスキーを樽で熟成させた期間。ボトルのラベルに表示される酒齢は、用いられた原酒のうちでもっとも若いウイスキーの酒齢でなければならない。

初溜釜→ウォッシュ・スチル参照

シングルカスク［ single cask ］
たった一つの樽から瓶詰めされたウイスキー。バーボンのシングル・バレルも同様の意味。ほかの樽のモルトとかけ合わせていないため、樽ごとの個性、風味の違いがよくわかる。

シングルグレーン・ウイスキー［ single grain whisky ］
一つの蒸溜所でつくられたグレーン・ウイスキーだけで瓶詰めされたウイスキー。製品化されることは少ない。

シングル・バレル［ single barrel ］→シングルカスク参照

シングルモルト・ウイスキー［ single malt whisky ］
単一の蒸溜所でつくられたモルト・ウイスキーだけで瓶詰めされたウイスキー。蒸溜所の個性がはっきり現われたウイスキーとなる。

スティープ［ steep ］
浸麦槽。発芽をさせるために大麦を2日間くらい水に浸けるが、その際に使われる容器。

ストレート［ straight ］
水を加えずそのまま飲むこと。（→P174参照）

スピリット・スチル［ spirit still ］
モルト・ウイスキーの2回目の蒸溜で使用するポットスチル。ローワインズ・スチルともいう。2回目の蒸溜を再溜といい、再溜釜ともいう。初溜釜に比べるとサイズは小さい。

スピリッツ・セイフ［ spirit safe ］
モルト・ウイスキーの2回目の蒸溜後に流れ出るアルコールの測定を行い、蒸溜液の流れを操作して、熟成にまわすスピリッツだけを選り分ける装置。

スモーキーフレーバー［ smoky flavor ］
麦芽を乾燥させるときに焚き込まれるピートに由来する煙っぽい香り。燻香。モルト・ウイスキー（スコッチ）に特有の香り。

スモールバッジ・バーボン［ small badge barbon ］
熟成のピークにある5〜10樽程度の樽を厳選した、少量生産のバーボンのこと。バッジとはロットナンバーのことを示す。

タ

ダブル・マリッジ［ double marriage ］
ブレンディッドの後熟で、原酒を1度にブレンドせず、最初にモルト原酒のみでマリッジし、グレーンをブレンドして再びマリッジする製法。(→マリッジ参照)

チャー［ char ］
貯蔵用の樽の内側を焦がす工程。焦がし方の程度に段階がある。燃やさずに穏やかに焙る場合はトーストと呼ばれる。

単式蒸溜器
一回の蒸溜ごとに中身を入れ替える蒸溜器。モルト・ウイスキーのポットスチルが代表的。

チャコール・メローイング［ charcoal mellowing ］
テネシー・ウイスキー特有の製造工程。蒸溜後の原酒をサトウカエデの木炭槽で10日間ほどかけて濾過する。これによって、なめらかでスムーズな酒質が生まれる。

チル・フィルタレーション［ chill filtration ］
低温（冷却）濾過処理のこと。瓶詰めの前に0〜4度くらいに冷却し、白濁の原因となる脂肪酸などを除去すること。モルトの風味も一部取り除かれることになるため、反対する意見も多い。

テール［ tail ］→フェインツ参照

トースティ［ toasty ］
主に樽や麦芽に由来する香りで、焦げたような感じ、トースト（焙る）されたような感じ。

トップドレッシング［ top dressing ］
ブレンダー用語で、ブレンディッド・ウイスキーの風味や香りに深みと奥行きを与える最上のモルトをいう。マッカラン、グレンファークラス、ロングモーンなどは昔からのトップドレッシングの代表。

トップ・ノート［ top note ］
グラスに注いだウイスキーから最初に立ち昇ってくる香り。

ドラム式モルティング
回転する巨大円筒に麦芽を入れ、暖かい空気を送風して、自動的にすき返しながら乾燥させる製麦法。一度に大量の麦芽の仕込みが可能。

トワイス・アップ［ twice up ］
グラスにウイスキーを注ぎ、それと同量の常温の水を加えて飲む飲み方。(→P175参照)

ナ

ニート［ neat ］
水を加えず生（き）のままで飲むこと。ストレートと同じ。

ニューポット［ new pot ］
ポットスチルで蒸溜されたばかりのスピリッツ（蒸溜酒）のこと。無色透明で、アルコール度数は70%くらい。

ノンチル［ non-chilled ］
低温濾過処理を施さないこと。ノンチルドともいう。(→チル・フィルタレーション参照)

ハ

ハート［ hearts ］→ミドルカット参照

バーボン・ウイスキー［ bourbon whisky ］
トウモロコシを主原料（原料の51%以上80%未満）にした代表的なアメリカン・ウイスキーで、アルコール分80度以下で蒸溜し、内側を焦がしたホワイト・オークの新樽で熟成されたもの。(→P179参照)

バーボン・カスク[bourbon cask]
バーボン樽。アメリカン・ホワイトオークでつくられ、バーボンを熟成させた樽。バーボンでは内側を焦がした新樽しか熟成に使用できないが、その空き樽をスコッチの熟成に利用したもの。サイズは180ℓのバレルが主流。(→P30参照)

バット[butt]
パンチョンと並び、ウイスキー貯蔵用の最大の樽で、容量は480ℓ前後。ほとんどがシェリー樽。

パテント・スチル[patent still]→コフィー・スチル参照

バニラ香[vanilla flavor]
主にバーボン樽に由来する、バニラ様の甘い風味、芳香。

バレル[barrel]
ウイスキー熟成用の樽で容量は180ℓ前後。新樽はバーボンに使用され、その空き樽がモルト・ウイスキーの熟成に使用される。

パンチョン[pancheon]
ウイスキー熟成用の樽で容量は480ℓ前後。バットに比べ、太く、ずんぐりとした形。

ヒース[heath]
スコットランドの荒野に群生する常緑低木で、春や秋に白や淡紅の小さな花をつける。ピートを形成するもととなる植物の一つ。ヘザーとも呼ばれる。

ピーティ（ピート香）[peaty]
ピートによる燻香、ピートの香りがより強く感じられること。(→スモーキーフレーバー参照)

ピート[peat]
ヒース（ヘザー）、苔、シダなどが長い年月の間に堆積してできた泥炭。麦芽を乾燥させるときに焚き込まれ、その燻煙がスコッチに特有の燻香をつくる。

ピュアモルト・ウイスキー[pure malt whisky]
グレーン・ウイスキーを加えず、モルト・ウイスキー100%でつくられたウイスキーのこと。基本的にはヴァッティッド・モルトと同義となるが、シングルモルト・ウイスキーの意を含むこともある。

ファーストフィル
一度バーボンやシェリー酒などの熟成に使用されたあと空けられた樽。一空きともいう。スコッチの熟成には新樽は使われず、ファーストフィル以降の樽が使われる。再々利用となればセカンドフィル（二空き）、3度目ならサードフィル（三空き）と呼ばれる。

フィニッシュ[finish]→アフター・テイスト参照

フェインツ[feints]
モルト・ウイスキーの2回目の蒸溜で、ポットスチルから最後に流れ出てくる部分のこと。アルコール度数が低く、不快な香りがあるためカットし、次のローワインに混ぜて再び蒸溜する。テールとも呼ばれる。

フォアショッツ[foreshots]
モルト・ウイスキーの2回目の蒸溜で、ポットスチルから最初に流れ出てくる部分。アルコール度数が高すぎ、オイルなどの不純物を含んでいるため、フェインツと一緒に次回のローワインに混ぜられ、再蒸溜される。ヘッドともいう。

プルーフ[proof]
アルコール含有量の単位。アメリカのバーボンの度数は主にこれで示され、アメリカの100プルーフは(英国のプルーフはまた異なる)、いわゆるアルコール度数に直すと50度(1/2となる)。

フレーバー[flavor]
ウイスキーを口に含んだときに感じる香りと舌と口全体で感じる味。鼻に抜ける香り。

プレーンカスク[plain cask]
スコッチの熟成に1度使った再々使用以降の樽のこと。リフィル・カスクともいう。バーボンやシェリーの影響がその分少なくなる。(→ファーストフィル参照)

ブレンダー[blender]
ウイスキーのブレンド技術者。樽ごとに個性の異なるモルト・ウイスキーを利き分け、これをバランスよくヴァッティングしたり、モルト・ウイスキーとグレーン・ウイスキーをブレンドしてブレンディッドウイスキーをつくる。その最高責任者がマスターブレンダーだ。

ブレンディッド・ウイスキー[blended whisky]
モルト・ウイスキーとグレーン・ウイスキーをブレンド(混和)してつくられたウイスキー。

フロアモルティング[floor malting]
スコッチの伝統的な製麦法。大麦を石床に広げて発芽させ、発芽を均等に進めるため、数時間おきに木のシャベルで鋤き返す。通常7〜10日の日数を要する。(→P220参照)

ヘッド[heads]→フォアショッツ参照

ホッグスヘッド[hogshead]
ウイスキー貯蔵用の樽で容量は230ℓ前後。スコッチの熟成には大きめの樽が向いているため、バーボン樽(180ℓ)を分解して、このサイズに組み直すのが一般的。(→P19参照)

ポットスチル[potstill]
モルト・ウイスキーの蒸溜に使われる単式蒸溜釜。すべて銅製の手づくりでできている。通常、初溜釜と再溜釜の2つでワンセット。

ボトラーズ・ブランド[bottlers brand]
オフィシャルボトルに対して、蒸溜所を所有してない別の会社が、蒸溜所から樽を買い付け、独自に熟成やボトリングをし、自社ブランドで販売するもの。また、その業者を独立瓶詰め業者(インディペンデント・ボトラーズ)という。(→P156参照)

ホワイトオーク[white oak]
ウイスキーの熟成に使う樽材に最適とされる北米産のオーク。適度な硬さと優れた耐久性を持ち、熟成中にウイスキーの色と香味に大きな影響を与えるポリフェノール類を豊富に含んでいる。(→P19参照)

マ

マッシュタン[mash tun]
糖化槽。仕込み槽ともいう。粉砕した麦芽(グリスト)に湯を加えて攪拌し、糖液であるウォート(麦汁)を取り出すための巨大な円形容器。ステンレス製、銅製、鋳鉄製などがある。

マッシュビル[mash bill]
バーボンの原料に使う穀物(トウモロコシ、ライ麦または小麦、大麦麦芽)の使用比率のこと。

マリッジ[marriage]
ウイスキーをブレンドもしくはヴァッティングしたあと、再び樽に詰めて寝かせること。後熟ともいう。熟成とは別で、混ぜ合わせた酒同志をまろやかになじませるためのもの。主にブレンディッド・ウイスキーの工程。

ミドルカット[middle cut]
モルト・ウイスキーの2回目の蒸溜で、ポットスチルから流れ出てくる液体のうち、最初の部分(フォアショッツ)と、最後の部分(フェインツ)を取り除いた〝中溜部分〟のこと。ミドルカットのみが熟成にまわされる。ハートともいう。

モルト[malt]
モルト・ウイスキーの原料となる大麦麦芽のこと。モルト・ウイスキーのことを略して言うこともある。

モルト・ウイスキー[malt whisky]
大麦麦芽(モルト)を原料に単式蒸溜器(ポット・スチル)で蒸溜したウイスキー。通常、蒸溜は2回行われる。スコッチの場合、熟成はオーク樽で3年以上が義務づけられている。

モルトスター[maltster]
麦芽を専門に製造する工場、あるいはその業者。機械化により効率よく大量の麦芽を生産することができ、また、大麦やピートの種類、ピートを焚き込むタイミングや時間など、各蒸溜所からの注文に応じ、多彩な麦芽をつくっている。

モルト香[malt flavor]
麦芽に由来する穀物的で甘い香り。

ヤ

ヨード香[iodic]
主にピートの燻煙や海岸的な影響に由来する、海草っぽく、薬品くさいような香り。ヨードチンキに近いにおい。

ラ

ライムストーン・ウォーター[limestone water]
アメリカのケンタッキー州で湧出する、石灰岩(ライムストーン)の地層でろ過された清水。ウイスキーの味わいをそこなう鉄分が少なく、ミネラルが豊富。バーボンづくりに最適とされる水。

リチャー[rechar]
古くなった樽の内側を焼く工程。樽は30～40年使用すると熟成する力が弱くなるので、もう一回火入れをすることで、樽の力を再び活性化させる。

リフィルカスク[refill cask]→プレーンカスク参照

レシーバー[receiver]
モルト・ウイスキーの蒸溜過程で各段階の液体を一時的に貯めておくタンクのこと。ウォート、ローワイン、フェインツ、スピリッツの4種のレシーバーがある。

連続式蒸溜機
ウォッシュと蒸気を入れ続けることによって連続的に蒸溜できる装置。一回の蒸溜中に精溜を繰り返す原理で、アルコール度数の高いスピリッツを溜出できる。グレーン・ウイスキーやバーボンでは連続式蒸溜器が使われる。(→P91参照)

ローワイン[low wines]
モルト・ウイスキーは、ポットスチルによる2回蒸溜が通常だが、その1回目の蒸溜で得られた蒸溜液。初溜液。アルコール度数は20～25度くらい。

ローワインズ・スチル[low wines still]→スピリット・スチル参照

ワ

ワーム・タブ[worm tub]
スコッチの蒸溜で使われる冷却槽。冷水を入れた巨大な桶で、コイル状をした銅製のチューブ(ワーム管)内を通るアルコール蒸気を冷却する。現在はコンデンサーの使用が主流となったが、時間をかけて液化させるため、香り豊かなスピリッツになるという。

ウイスキー銘柄 INDEX

（五十音順）

※銘柄名（蒸溜所名）に冠詞のTHEが付く場合は、ザ・グレンリベット以外はTHEを取った表記の五十音順で並べてあります。

シングルモルト・スコッチ・ウイスキー→ +S　ブレンディッド・スコッチ・ウイスキー→ +B　アイリッシュ・ウイスキー→
ジャパニーズ・ウイスキー→　アメリカン・ウイスキー→　カナディアン・ウイスキー→

ア	I.W.ハーパー	I.W.HARPER		バーボン	195
	アードベッグ	ARDBEG	+S	アイラ	37
	アードモア	THE ARDMORE	+S	東ハイランド	53
	アーリータイムズ	EARLY TIMES		バーボン	190
	アベラワー	ABERLOUR	+S	スペイサイド	60
	アラン	ISLE OF ARRAN	+S	アイランズ	45
	アルバータ	ALBERTA			211
	イチローズモルト	ICHIRO'S MALT		ベンチャーウイスキー	145
	インチガワー	INCHGOWER	+S	スペイサイド	69
	ウッドフォード リザーヴ	WOODFORD RESERVE		バーボン	202
	エヴァン・ウイリアムス	EVAN WILLIAMS		バーボン	192
	エズラ ブルックス	EZRA BROOKS		バーボン	193
	エドラダワー	EDRADOUR	+S	中央ハイランド	56
	エライジャ・クレイグ	ELIJAH CRAIG		バーボン	191
	オーバン	OBAN	+S	西ハイランド	58
	オーヘントッシャン	AUCHENTOSHAN	+S	ローランド	75
	オールド・オーヴァーホルト	OLD OVERHOLT		ライ	204
	オールド グランダッド	OLD GRAND-DAD		バーボン	200
	オールド クロウ	OLD CROW		バーボン	199
	オールドパー	OLD PARR	+B		106
	オールド・プルトニー	OLD PULTENEY	+S	北ハイランド	52
カ	カーデュ	CARDHU	+S	スペイサイド	62
	カティサーク	CUTTY SARK	+B		100
	カナディアンクラブ	CANADIAN CLUB			209
	カネマラ	CONNEMARA		クーリー	116
	カリラ	CAOL ILA	+S	アイラ	41
	キルホーマン	KILCHOMAN	+S	アイラ	42

	クライヌリッシュ	CLYNELISH	+S	北ハイランド	49
	クラウン ローヤル	CROWN ROYAL			210
	クラガンモア	CRAGGANMORE	+S	スペイサイド	63
	グランツ	GRANT'S	+B		103
	グレンキンチー	GLENKINCHIE	+S	ローランド	77
	グレン グラント	GLEN GRANT	+S	スペイサイド	66
	グレンゴイン	GLENGOYNE	+S	中央ハイランド	57
	グレンドロナック	GLENDRONACH	+S	東ハイランド	54
	グレンファークラス	GLENFARCLAS	+S	スペイサイド	64
	グレンフィディック	GLENFIDDICH	+S	スペイサイド	65
	グレンモーレンジィ	GLENMORANGIE	+S	北ハイランド	51
	グレンロセス	THE GLEN ROTHES	+S	スペイサイド	68
	駒ヶ岳	KOMAGATAKE		本坊酒造	146
サ	ザ・グレンリベット	THE GLENLIVET	+S	スペイサイド	67
	シーグラム セブンクラウン	SEAGRAM'S SEVEN CROWN		ブレンディッド	205
	シーバス リーガル	CHIVAS REGAL	+B		99
	J&B	J&B	+B		104
	ジェムソン	JAMESON		ミドルトン	117
	ジム ビーム	JIM BEAM		バーボン	196
	ジャック ダニエル	JACK DANIEL'S		テネシー	203
	ジョニー・ウォーカー	JOHNNIE WALKER	+S		105
	スキャパ	SCAPA	+B	アイランズ	47
	ストラスアイラ	STRATHISLA	+S	スペイサイド	74
	スプリングバンク	SPRINGBANK	+S	キャンベルタウン	78
タ	竹鶴	TAKETSURU		ニッカウヰスキー	143
	ダラスドゥー	DALLAS DHU	+S	スペイサイド	165
	タラモアデュー	TULLAMORE DEW	+S	ミドルトン	119
	タリスカー	TALISKER	+S	アイランズ	48
	ダルモア	DALMORE	+S	北ハイランド	50
	デュワーズ	DEWAR'S	+B		101
ナ	ニッカ カフェグレーン	NIKKA COFFEY GRAIN		ニッカウヰスキー	142
	ノアズ ミル	NOAH'S MILL		バーボン	198
	ノッカンドゥ	KNOCKANDO	+S	スペイサイド	70
ハ	ハイランドパーク	HIGHLAND PARK	+S	アイランズ	46
	白州	HAKUSHU		サントリー	138
	バッファロートレース	BAFFALO TRACE		バーボン	189

	バランタイン	BALLANTINE'S	+B		97
	バルヴェニー	BALVENIE	+S	スペイサイド	61
	響	HIBIKI		サントリー	139
	ザ・フェイマス・グラウス	THE FAMOUS GROUSE	+B		102
	フォアローゼズ	FOUR ROSES		バーボン	194
	富士山麓	FUJISANROKU		キリンディスティラリー	144
	ブッシュミルズ	BUSHMILLS		ブッシュミルズ	115
	ブナハーブン	BUNNAHABHAIN	+S	アイラ	40
	ブラッドノック	BLADNOCH	+S	ローランド	76
	ブラントン	BLANTON		バーボン	187
	ブルックラディ	BRUICHLADDICH	+S	アイラ	39
	ブローラ	BRORA	+S	北ハイランド	164
	ベイカーズ	BAKER'S		バーボン	188
	ヘーゼルバーン	HAZELBURN	+S	キャンベルタウン	79
	ベル	BELL'S	+B		98
	ボウモア	BOWMORE	+S	アイラ	38
	ポートエレン	PORT ELLEN	+S	アイラ	164
	ホワイトオーク あかし	AKASHI		江井ヶ嶋酒造	147
	ホワイト&マッカイ	WHITE & MACKAY	+B		110
	ホワイトホース	WHITE HORSE	+B		109
マ	ザ・マッカラン	THE MACALLAN	+S	スペイサイド	72
	ミドルトン ヴェリー レア	MIDLETON VERY RARE		ミドルトン	118
	宮城峡	MIYAGIKYOU		ニッカウヰスキー	141
	メーカーズマーク	MAKER'S MARK		バーボン	197
	モートラック	MORTLACH	+S	スペイサイド	73
ヤ	山崎	YAMAZAKI		サントリー	137
	余市	YOICHI		ニッカウヰスキー	140
ラ	ラガヴーリン	LAGAVULIN	+S	アイラ	43
	ラフロイグ	LAPHROAIG	+S	アイラ	44
	リンクウッド	LINKWOOD	+S	スペイサイド	71
	ロイヤル・ハウスホールド	ROYAL HOUSEHOLD	+B		107
	ロイヤル・ロッホナガー	ROYAL LOCHNAGAR	+S	東ハイランド	55
	ローズバンク	ROSEBANK	+S	ローランド	165
	ローヤルサルート	ROYAL SALUTE	+B		108
	ロングロウ	LONGROW	+S	キャンベルタウン	79
ワ	ワイルドターキー	WILD TURKEY		バーボン	201

輸入代理店・メーカー問合せ先一覧

アサヒビール㈱	〒130-8602　東京都墨田区吾妻橋1-23-1 ☎0120-011-121　●http://www.asahibeer.co.jp/
㈱ウィスク・イー	〒150-0001　東京都千代田区神田和泉町1-8-11-4F ☎03-3863-1501　●http://www.whisk-e.co.jp/
江井ケ嶋酒造㈱	〒674-0065　兵庫県明石市大久保町西島919 ☎078-946-1001
MHD モエ ヘネシー ディアジオ㈱	〒101-0051　東京都千代田区神田神保町1-105 神保町三井ビル13F ☎03-5217-9731　●http://www.mhdkk.com/
キリンビール㈱	〒164-0001　東京都中野区中野4-10-2 中野セントラルパークサウス ☎0120-111-560　●http://www.kirin.co.jp/
サントリーホールディングス㈱	〒135-8631　東京都港区台場2-3-3 ☎0120-139-310　●http://www.suntory.co.jp/
三陽物産㈱	〒530-0037　大阪府大阪市北区松ヶ枝町1-3 ☎06-6352-1121　●http://www.sanyo-bussan.co.jp/
宝酒造㈱	〒600-8688　京都府京都市下京区四条通烏丸東入長刀鉾町20 ☎075-241-5111　●http://www.takarashuzo.co.jp/
ニッカウヰスキー㈱	〒107-8616　東京都港区南青山5-4-31 ☎03-3498-0331　●http://www.nikka.com/
日本酒類販売㈱	〒104-8254　東京都中央区新川1-25-4 ☎03-4330-1700　●http://www.nishuhan.co.jp/
バカルディ ジャパン㈱	〒150-0011　東京都渋谷区東3-13-11　A-PLACE恵比寿ビル2F ☎03-5843-2670　●http://www.bacardijapan.jp/
富士貿易㈱	〒231-0801　神奈川県横浜市中区新山下3-9-3 ☎045-622-2989　●http://www.fujitrading.co.jp/ihq/index.html
ペルノ・リカール・ジャパン㈱	〒112-0004　東京都文京区後楽2-6-1　住友不動産飯田橋ファーストタワー34F ☎03-5802-2670　●http://www.pernod-ricard-japan.com
㈱ベンチャーウイスキー	〒368-0067　埼玉県秩父市みどりが丘49 ☎0494-62-4601
ボニリ ジャパン㈱	〒662-0047　兵庫県西宮市寿町4-32 ☎0798-39-1700　●http://www.bonili.com/
本坊酒造㈱	〒891-0122　鹿児島県鹿児島市南栄3-27 ☎099-822-7003　●http://www.hombo.co.jp/
ミリオン商事㈱	〒135-0016　東京都江東区東陽5-26-7 ☎03-3615-0412　●http://www.milliontd.co.jp/
㈱明治屋	〒104-8302　東京都中央区京橋2-2-8 ☎03-3271-1136　●http://www.meidi-ya.co.jp/
レミー コアントロー ジャパン㈱	〒106-0041　東京都港区麻布台1-11-10 日総第22ビル6F ☎03-6441-3030　●http://www..rcjkk.com/
㈱やまや	〒983-0852　宮城県仙台市宮城野区榴岡3-4-1 アゼリアヒルズ19F ☎0120-115-145

参考文献

The Scottsh Whisky Distilleries /For the whisky enthusiast Misako Udo Glasgow 2005

Handbook of Whisky /A Complete Guide to the World's Best Malts, Blends and Brands
Dave Broom London 2004

MacLean's Miscellany of Whisky Charles MacLean London 2004

Whisky Classified /Choosing single malts by flavour David Wishart London 2006

The Whisky Barons Allen Andrews Glasgow 2002

Malt Whisky Yearbook 2006 MagDig Media Limited Shrewsbury 2005

Malt Whisky Yearbook 2007 MagDig Media Limited Shrewsbury 2006

Malt Whisky Yearbook 2018 MagDig Media Limited Shrewsbury 2018

「シングル モルトウイスキー銘酒事典」橋口孝司著（新星出版社）

「ウイスキー銘酒事典」橋口孝司著（新星出版社）

「稲富博士のSCOTCH NOTE」稲富孝一著
（www.ballantines.ne.jp/enjoy/inatomi/index.html、Suntry Allied Ltd.）

「スコッチウイスキーの歴史」ジョン・R・ヒューム&マイケル・S・モス著、坂本恭輝訳（国書刊行会）

「モルトウィスキー・コンパニオン改訂版」マイケル・ジャクソン著、土屋希和子・山岡秀雄訳（小学館）

「知識ゼロからのシングル・モルト・ウイスキー入門」古谷三敏著（幻冬舎）

「樽とオークに魅せられて」加藤定彦著（阪急コミュニケーションズ）

「スコッチウイスキー、その偉大なる風景」マイケル・ジャクソン著、山岡秀雄訳（小学館）

「スコッチウイスキー紀行 モルトの故郷を歩く」文・写真/邸景一（日経BP社）

「ウイスキーと私」竹鶴政孝著（ニッカウヰスキー）

「レモンハート酒大辞典［改訂版］」古谷三敏著（双葉社）

「シングルモルト蒸留所紀行—時をせき止める男たち—」山田健著（たる出版）

「もし僕らのことばがウィスキーであったなら」村上春樹著（新潮文庫）

「洋酒ベストセレクション591」湯目英郎監修（日本文芸社）

「ザ・ベスト・バーボン」楢崎恵久監修（永岡書店）

「バーボン最新カタログ」竹内弘直監修（永岡書店）

「ALL THAT BOURBON」森下賢一編著（ナツメ社）

「ケンタッキー・バーボン紀行」東理夫著（東京書籍）

「シェリー、ポート、マデイラの本」明比淑子著（小学館）

「カクテルテクニック」上田和男著（柴田書店）

「旅名人ブックス58 スコットランド」文・写真/邸景一（日経BP社）

「ふくろうの本　図説スコットランド」佐藤猛郎、岩田託子、富田理恵編著（河出書房新社）

「世界の名酒事典2005年版」（講談社）

「WHISKY Magazin」issue49（Paragraph Publishing）

「サントリークォータリー　第76号」（サントリー）

「改訂版モルトウィスキー大全」土屋守著（小学館）

「ブレンデッドスコッチ大全」土屋守著（小学館）

「シングルモルトを愉しむ」土屋守著（光文社新書）

「THE Whisky World」2005 vol.1～vol.3（プラネット ジアース）

編著者紹介

PAMPERO（パンペロ）

フリーランスのエディター・ライター、池田一郎が主宰する編集事務所。書籍、雑誌、広告などの企画、編集制作、執筆を手がける。食のジャンル、特に酒についての造詣が深く、焼酎・泡盛、日本酒から、ワイン、ウイスキーまで幅広くカバー。各国各地の蒸溜所やブドウ畑、蔵元などへも足を運ぶ。編集制作を手がけた本に『ワイン完全ガイド』『日本酒完全ガイド』『おいしいワインはインポーターで選ぶ！』（以上池田書店）『缶つま』（世界文化社）ほか多数。

STAFF

編集・構成　池田 一郎（PAMPERO）
デザイン　滝沢 葉子
執筆協力　青山 太郎（PAMPERO）、栗田 利之、佐々木 香織
撮　影　青山 太郎（PAMPERO：Photos in Scotland）
鵜澤 昭彦（P150～154）
四宮 義博（ボトル、P156～161）
岡崎 良一（P167～170）
イラスト　一木 みかん
英字協力　小笠原 昭代
古澤 裕二（P167～170）

THANKS

Misako Udo, the Author of
“The Scottish Whisky Distilleries”,
for Many advice !!

取材・撮影協力

●テイスティング協力（敬称略）
大原 陽子、深田 泰史、
伊原 孝樹（モルトハウス アイラ）

●料理製作・撮影協力（敬称略）
曽根 洋一、高田 真由美

●画像・写真提供（ボトル以外）
サントリーホールディングス株式会社

●ボトル写真・撮影協力
輸入代理店・メーカー各位（P238掲載）

本書は当社既刊のロングセラー「ウイスキー&シングルモルト完全ガイド」に
新たな情報、記事を加え、リニューアルしたものです。

改訂版 ウイスキー&シングルモルト
完全ガイド

編著者／PAMPERO
発行者／池田士文
印刷所／大日本印刷株式会社
製本所／大日本印刷株式会社
発行所／株式会社池田書店
〒162-0851　東京都新宿区弁天町43番地
電話 03-3267-6821（代）
振替 00120-9-60072

ISBN978-4-262-13039-2

18000010